NOUVEL ESSAI

SUR

LA CULTURE ET LE COMMERCE

DES GARANCES

DE VAUCLUSE.

NOUVEL ESSAI

SUR

LA CULTURE ET LE COMMERCE

DES GARANCES

DE VAUCLUSE,

PAR

J. BASTET,

MEMBRE DE PLUSIEURS SOCIÉTÉS SAVANTES.

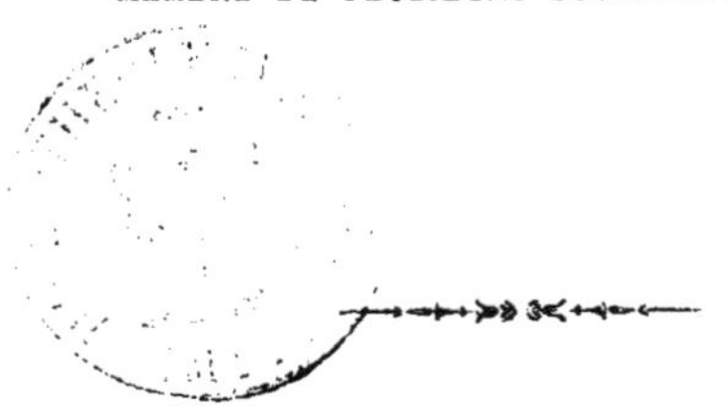

ORANGE,

IMPRIMERIE DE RAPHEL FILS.

1854.

PRÉFACE.

L'étude de la Garance est devenue une étude d'un haut intérêt. Les besoins toujours croissants de l'industrie poussent chaque jour les hommes de travail vers des recherches nouvelles. Robiquet et Colin furent les premiers qui signalèrent à l'attention cette mine féconde, et pourtant, nous osons le dire, c'est par une erreur capitale qu'ils ont commise, que la voie ouverte aux investigations a été comme un immense dédale où se sont égarés une multitude de chercheurs.

En effet, si nous portons nos regards vers les résultats obtenus, qu'y trouvons-nous de réel, de sérieux, d'applicable enfin à l'industrie tinctoriale? A la Garancine près, ce sont sans cesse des produits problématiques, tous obtenus, mais dans les laboratoires seulement, par ces réactions plus ou moins violentes qu'exercent sur la Garance des agents plus ou moins énergiques. Quant à des produits faciles, industriels, il est inutile de dire qu'il ne s'en trouve point, et ceci s'explique aisément : Robiquet et Colin, en préconisant, en affirmant en maîtres la présence de plusieurs principes colorants, ont jeté leurs émules ou leurs successeurs dans la voie de la multiplicité des couleurs et, cette voie adoptée, c'est à peine s'il y a eu des bornes au nombre de ces couleurs.

En chimie, rien n'est facile comme les découvertes de cette nature; mais aussi rien n'est plus périlleux. Une fois hors de la voie normale, il est impossible qu'il résulte rien de vrai de l'ensemble de ces travaux. Si Robiquet et Colin avaient proclamé l'unité de la matière colorante, serait-on resté aussi longtemps dans cette stérilité qui s'est attachée à leur théorie? non sans doute, car l'étude d'un corps complexe est plus difficile que celle d'un corps simple; car cette étude présente surtout des obstacles insurmontables, alors qu'on se trompe sur la véritable nature du corps qui est soumis aux investigations.

Au contraire, plaçons-nous au point de vue de l'unité de la matière colorante, et voyons combien les études peuvent alors devenir faciles et fructueuses. Cette matière, qu'on l'obtienne ou directement, ou par l'alcool, ou par l'acide acétique, n'est plus ce corps compliqué dans lequel il faut, par des opérations minutieuses, isoler les unes des autres diverses couleurs qui toutes, suivant la nature de l'opération, reçoivent une action qui les altère. On peut, dès la manipulation très simple destinée à l'extraire, sonder les influences qu'exercent sur elle les divers agents que la teinture emploie; de là des idées théoriques nouvelles qui renverseraient d'anciennes idées insuffisantes pour la science de la teinture; de là des applications fructueuses et peut-être qu'alors disparaîtrait, avec d'autres opinions, cette opinion erronée, suivant nous, que l'adjonction du carbonate de chaux est indispensable à la solidité de la matière colorante.

La matière colorante de la Garance est *une*. Cette opinion, émise en 1835 dans notre premier travail sur la Garance, put alors froisser quelques esprits ou les faire sourire de pitié; elle ne s'en est pas moins fait jour peu-à-peu, et nous la savons adoptée par beaucoup de chimistes industriels qui, après tout, sont, en semblable cause, des juges beaucoup plus compétents que les savants de laboratoire ou de cabinet. Cette matière, quelle est sa nature? Quels sont ses caractères saillants? Est-elle acide ou alcaline, fixe ou volatile? De quelle nature est cette combinaison indispensable, suivant quelques-uns, quelle forme avec le carbonate de chaux et de quel aide peut lui être celui-ci en teinture, quand elle est à l'état de pureté absolue? Pourquoi ses affinités pour quelques corps éminemment hydrogènés? L'acide sulfurique, outre l'action bien connue qu'il exerce sur les composants de la Garance, n'en exerce-t-il pas une particulière et inconnue sur la matière colorante elle-même, et doit-on expliquer par son interposition seule les variations de nuance et la moindre solidité des produits sulfuriqués?

Ces questions et nombre d'autres que nous ne mentionnons pas se résoudront sans peine quand la matière colorante, considérée comme *une*, offrira plus de facilités aux études; quelques-unes même peuvent presque s'éclaircir par une simple méditation : ainsi l'absorption de l'oxigène explique certaines formes, comme aussi certaines tendances, et la solubilité primitive, diminuée ou empêchée par différents degrés d'oxidation, semble se retrouver par un contact avec des corps hydrogénés. Ainsi le carbonate de chaux paraît ne servir qu'à la saturation de certains acides que recélent soit la Garance, soit ses produits, saturation réellement indispensable, mais seulement alors que la matière tinctoriale est acidule; car avec la couleur pure, chaque molécule calcaire forme, avec son équivalent de matière colorante, une combinaison qui, si elle ne nuit pas à la teinture, lui enlève du moins une partie de la couleur qu'elle devait employer. Outre cette action il se pourrait que, dans la surabondance du calcaire, il y en eût une seconde qui lui serait commune avec l'acidulation, celle de réagir sur les mordants et de laisser inemployée dans le bain de teinture une partie de la matière colorante.

Et, à propos du carbonate de chaux, n'est-il pas temps, aujourd'hui que tant d'essais ont été faits, de renoncer à l'opinion que c'est lui qui est la cause de toutes racines rouges? Le carb. de chaux est oui ou non le compagnon inséparable des meilleures Garances: s'il l'est, il est hors de doute que ce n'est point par un effet du sol. Ce que l'on pourrait seul induire de cette concomitance, c'est que belle venue de la plante et production spontanée du carb. de chaux sont une seule et même chose : or c'est une expérience facile à faire et qui ne coûtera que du temps.

L'étude plus approfondie du principe colorant résoudra tôt ou tard une foule de questions importantes, tant agricoles qu'industrielles; elle doit encore probablement faire oublier un jour ces dénominations de *rouge*, *rosée* et *jaune* qui s'appliquent à nos Garances de Vaucluse, dénominations tirées d'un état physique qui peut mentir, car en lui ne gît point exclusivement la force colorante des racines ou des poudres.

Nous faisons donc des vœux pour que les études sur la Garance deviennent, pour de nombreux sectateurs, comme une espèce de culte. Mais, nous le répétons, tant de graves points qui sont à éclaircir, demandent que les savants s'entendent, si la chose est possible, sur l'unité de la matière colorante : la marche vers de grands résultats ne sera rapide qu'autant qu'il y aura homogénéité d'opinions là-dessus. Pour nous, qui n'avons ni le droit ni la prétention d'imposer nos idées, mais qui les voyons avec bonheur accueillies peu-à-peu par de nouveaux confrères en recherches; nous qui, au moyen de nos occupations industrielles et de notre position dans un centre de grande culture, pouvons suivre la Garance depuis l'état de racine vivante jusqu'à celui de produit manipulé, nous ne cesserons de nous livrer à des expérimentations dont le seul but est de nous rapprocher de la vérité.

25 *Août* 1853.

ÉTUDES PRÉLIMINAIRES.

I.

FAMILLE DES RUBIACÉES ET GENRE RUBIA -- DU RUBIA TINCTORUM.

Parmi les familles végétales, il en est une qui joint aux rapprochements indispensables de ses espèces, sous les rapports botaniques, le singulier caractère d'être formée en grande partie de substances tinctoriales : c'est celle des *Rubiacées*. Richard l'a divisée en onze tribus et Decandolle en quatre. Le *Rubia tinctorum* fait partie de la première — *Les Étoilées* — ainsi décrite par Decandolle :

Perisperme corné; fruit à deux coques séparables et à graines presque nues; feuilles verticillées.

Le genre *Rubia* renferme aujourd'hui les espèces suivantes :

Rubia	tinctorum	—	Grèce et Asie Mineure.
——	peregrina.	—	France, Angleterre, etc.
——	lucida.	—	
——	fruticosa.	—	Canaries.
——	Requienii.	—	
——	Bocconi.	—	Naples.
——	Olivierii.	—	Scio.
——	angustifolia.	—	Baléares.

Rubia	clematidifolia.	—	Java.
——	Munjista.	—	Indes orientales.
——	cordifolia.	—	Sibérie.
——	alata.	—	Indes orientales.
——	Wallichiana.		
——	atro-purpurea.	—	Cachemyre.
——	asperrima	—	*id.*
——	petiolaris.	—	
——	acalyculata.	—	
——	lævis.	—	
——	splendens.	—	
——	Thunbergii.	—	

Nous laisserons la description de chacune de ces espèces (1) pour nous occuper exclusivement du *Rubia tinctorum* qui fait l'objet de ce travail; on le reconnaît aux caractères suivants:

« Racines longues, rameuses, articulées, rougeâtres et rampantes; tiges nerveuses, tetragones, faibles, diffuses, longues de deux ou trois pieds, hérissées sur leurs angles de petites pointes crochues.

« Feuilles sessiles, lanceolées, d'un vert luisant, un peu cendré, au nombre de quatre ou six à chaque verticille, chargées d'aspérités à leurs bords et sur leurs nervures.

« Fleurs petites, jaunâtres, disposées en petites panicules auxiliaires et terminales sur des pédoncules rameux. Il leur succède de petites baies noirâtres; souvent l'une des deux avorte. La corolle se divise en quatre ou cinq lobes profonds. La même variété s'observe dans le nombre des étamines. » (Poiret.).

Cette espèce est connue en outre sous les dénominations ci-après, *Azala*, *Alizari*, *Erythrodanum*. Elle est vivace. La racine, aussitôt apparue, pivote et forme

(1) On la trouvera dans l'excellent mémoire de M. Decaisne dont nous avons déjà parlé et d'où nous avons tiré nombre d'observations importantes; il est intitulé : *Recherches anatomiques* et physiologiques sur la garance, etc. — in-4°, Bruxelles 1837.

un corps transparent où l'on n'aperçoit que les mailles du tissu cellulaire. Sa couleur, d'un jaune très-clair alors, paraît rosée sous l'épiderme qui empêche la diaphanéité du tissu; avec l'âge, elle devient plus intense et présente une deuxième partie parfaitement distincte, le *tissu vasculaire* ou le *ligneux*. Sur toutes deux s'est superposée une double pellicule, l'une extérieure, très-mince, grisâtre, à mailles carrées de forme assez régulière, incolores dans leur milieu; l'autre d'aspect terne, ayant ses mailles arrondies et plus grandes, rougeâtres dans leur milieu et se rapprochant éminemment, soit par la coloration, soit par la forme, du tissu cellulaire qu'elle recouvre immédiatement, dont elle masque la translucidité et assombrit la nuance.

Les deux tissus dont il vient d'être question n'ont point un développement simultané. Le premier, plus considérable aux premiers temps de la racine, commence à perdre de son importance dès que le tissu vasculaire prend de l'accroissement. Celui-ci finit par acquérir une telle proportion que de 7 à 8 pour cent, — chiffre de relation qu'il avait à 10 mois avec le tissu cellulaire, — il arrive, vers la 5me année, à près de 80.

II.

DU FARUM.

A l'âge de dix-huit mois et dans certaines terres, la Garance est saisie visiblement par une maladie redoutable, le farum. Il s'est fait alors un travail sourd dans la garancière : bientôt un effet non moins alarmant a lieu à l'extérieur; les tiges se fanent, les feuilles jaunissent et la vie peu à peu se retire d'elles. En ce moment, si l'on pratique une ouverture dans le point attaqué, on remarque une multitude de racines noirâtres, sans tissu cellulaire, rongées évidemment par un champignon blanc (1) qui s'est accroché à elles et les a enveloppées d'un réseau dense de filamens. La plante, si fière des couleurs brillantes qu'elle étale à l'état normal, n'offre plus qu'un aspect cadavéreux. Malheureusement quand le mal se décèle au dehors, il a déjà fait à l'intérieur des progrès effrayans. Le champignon a projeté au loin, sur les racines et dans la terre ses thallus, et ceux-ci ont formé autant de centres de végétation d'où naissent et s'élancent activement de nouveaux thallus.

Le farum sévit avec force dans les chaleurs de l'été : l'automne diminue ses ravages. Il agit, dit-on, sur la plante en lui dévorant ses sucs nourriciers. Mais ne peut-on également lui supposer une influence vénéneuse, si l'on présume que c'est le champignon qui cause la maladie et non la maladie qui le fait naître ? Ces deux points sont encore obscurs.

La Garance n'est pas seule atteinte par le farum ; nombre de végétaux ont ce triste privilége. Aussi ce nom désigne-t-il simplement une maladie générique, dont le caractère principal réside dans la présence d'un champignon.

Le farum se développe peu dans les terres ameublies. Il aime de préférence les sols humides où il s'étend avec une complaisance déplorable. Il est si bizarre toutefois, qu'on l'a vu parfois surgir en maintes terres où rien ne pouvait le faire craindre.

(1) *Rhizoctonia Rubiæ*, subterraneum, filis tenuissimis bissoideis fuscis, ramosis, super radices arctè coherentibus, tuberculis introrsùm purpureo-fuscis.

Jusqu'à présent, le seul remède à ses ravages, c'est d'empêcher, par des fossés, la communication des parties infectées avec celles qui ne le sont point. Les labours profonds ramenant à la surface les thallus que le grand jour dessèche et tue, et rendant le sol plus perméable, sont encore un moyen énergique pour prévenir le développement de ce mal.

Suivant M. Decaisne, le Rhizoctone de la garance n'est que l'état rudimentaire d'un être plus parfait et nulle des utricules qu'il renferme ne peut faire soupçonner une faculté reproductrice. Cette opinion disposerait à faire considérer le farum comme résultant, soit d'un état morbide de la plante, soit plus probablement de la nature du sol.

En ramenant au même point de vue les maladies produites par divers champignons sur divers êtres animaux et végétaux, il nous était venu à l'idée que le farum de la garance pourrait bien faire partie d'une famille pathologique où seraient compris la carie, le charbon, l'ergot et la muscardine. Si cette pensée est juste, contrairement à l'observation ci-dessus rapportée, le germe du farum serait dans la graine, où des lotions cuivreuses ou le chaulage le détruiraient, ou bien dans le sol où l'auraient laissé les récoltes précédentes : le défoncement remédierait alors à ce dernier inconvénient. Le chaulage du blé et des œufs de vers à soie nous a révélé des faits extraordinaires qu'il ne semblerait pas étonnant de retrouver avec la graine ou la racine de la plante dont nous nous occupons. C'est un essai à faire. Une solution de 8 onces de sulfate de cuivre dans dix litres d'eau servirait à l'immersion de la graine pendant 3 ou 4 heures. Avant l'ensemencement, le sol aurait été profondément remué, afin que l'influence des anciens thallus fut rendue nulle. Sans cela, ainsi que nous le disions dans le Messager de Vaucluse en 1838, il en serait de la garance comme d'un galeux guéri thérapeutiquement du sarcopte, mais repris bientôt de la gale par l'infection de ses vêtemens.

III.

INFLUENCES DIVERSES.

Quelques agents de l'atmosphère ou du sol exercent sur la garance une influence plus ou moins puissante : tels sont le froid, la sécheresse, l'humidité, le soleil et quelques composants du sol.

L'action nuisible d'une température basse niée par quelques-uns et soutenue par d'autres, nous semble suffisamment prouvée, en ce qui concerne les racines déjà fortes, par le fait suivant : par un froid prolongé, le tissu cellulaire se fendille, se gerce en quelque sorte et se sépare spontanément de la partie ligneuse. Quant aux très-jeunes plantes — celles venues en automne ou semées de bonne heure, avant certains froids printaniers — elles meurent.

Ce fait a été mis hors de doute pour nous, par des expériences que nous avons faites en 1836, et par la mortalité survenue, au printemps de 1838, dans les garancières de notre honorable ami, feu M. Labaume, auteur d'une histoire de la Révolution française et agronome distingué.

Ces faits démontrent la nécessité du chaussage. On verra plus tard que cette opération a un but plus important encore et qu'elle ne jette pas seulement un manteau d'hiver sur la plante.

La sècheresse atmosphérique ne nuit point à la qualité du produit; elle en diminue la quantité.

La garance ne veut pas une humidité stationnaire dans laquelle plongeraient incessamment ses racines; elle y prendrait des dispositions au farum. Il lui faut une humidité dûment ménagée, celle provenant d'un cours d'eau, par exemple, qui coulerait sous terre à quelques mètres de profondeur et dont elle tirerait profit, soit par la vaporisation spontanée, soit par l'attraction capillaire, soit par l'affinité de quelques composants du sol.

Sous l'action combinée de l'absence de la lumière et de l'humidité, certaines parties de la tige sont susceptibles de voir leur matière verte se changer en la liqueur colorante des racines. Les rhizômes produits par le buttage sont dans ce cas.

Une culture dirigée avec intelligence peut apporter des améliorations à la nature de la couleur ou remedier à l'ingratitude du sol. Elle ne va jamais cependant jusqu'à lutter avec avantage contre l'atmosphère, pour obtenir une qualité qui ne s'harmoniserait point avec celle-ci. Les paragraphes suivants rendront parfaitement claire notre pensée à ce sujet.

La chaleur solaire exerce une influence très remarquable sur la garance; la couleur de celle-ci passe successivement du rouge au jaune, à mesure qu'on s'éloigne des zônes chaudes pour la cultiver dans le nord. De Smyrne en Hollande et même de Vaucluse en Alsace, la racine revêt plusieurs nuances. Quelles qu'aient été les graines et la culture, on obtient, sous la même latitude, les mêmes résultats à-peu-près, à quelques influences près du sol. Ainsi Rozier nous apprend, dans son traité d'agriculture, que des graines du levant semées à Paris, au jardin du Roi, ne donnèrent qu'un produit jaune.

On peut dire, sans être taxé d'erreur ou d'exagération, que la garance a trois zônes principales donnant lieu à la production de trois couleurs qui passent de l'une à l'autre, peut-être, par des changements dans la quantité du principe colorant; (1) ainsi dans le levant, les racines sont rouges; elles sont rosées dans nos pays méridionaux et jaunes dans le nord. Le département de Vaucluse offre au reste la confirmation patente de ce grand fait; toute la partie dont l'atmosphère est modifiée par le voisinage de la chaîne et sous-chaîne du Ventoux, fournit des racines jaunes, dans des terrains même qui ne diffèrent point de ceux de la plaine : celle-ci donne partout un produit rosé.

On tomberait dans une erreur grossière pourtant, si ces considérations étaient exclusivement appliquées à toutes les parties du sol de Vaucluse. Mais les exceptions qui vont être rapportées ne feront qu'attester plus irrécusablement la vérité de ce fait.

Il existe, en nos contrées, quelques points du sol témoignant du séjour plus ou moins long d'une eau stagnante. Ces terres, formées du produit annuel de populations animales et végétales qui se décomposaient

(1) La couleur jaune ne désigne pas toujours une infériorité; elle résulte souvent des conditions dans lesquelles la plante s'est développée. Chez nous les racines jaunes sont le plus souvent inférieures aux rosées.

lentement dans l'eau, en sont sorties avec des qualités qui les distingueront toujours des autres terres. Les principes qui ont concouru à leur composition en ont fait comme un immense compost naturel, doué de propriétés énergiques telles qu'aucun compost de main d'homme n'en saurait approcher. Tels sont les Paluds, jadis alimentés par les eaux de Vaucluse ou de la Durance, qui s'étendent de l'Isle à Entraigues : tels sont ceux plus étroits que l'on observe aux environs de Suze, Clansayes et Montségur, au nord de Vaucluse. C'est là seulement que la garance a des racines rouges, là que la terre a des propriétés que n'ont pu donner aux meilleures terres les combinaisons de nos plus habiles agronomes. Là seulement, ai-je dit, naissent les garances rouges et pendant que, dans les montagnes, sous l'influence d'une température moins chaude, ces sortes de terres fournissent un aussi beau produit, les terres voisines ne donnent que des racines jaunes. N'oublions pas d'ajouter cependant, que les Palus de nos montagnes sont loin de fournir le même produit que les Palus de la plaine. Cette observation viendrait à l'appui de notre théorie sur l'influence solaire.

Concluons de là que les racines rouges et jaunes de Vaucluse sont des productions exceptionnelles, les unes dues à un sol d'une espèce particulière et bornée, les autres à une atmosphère qui n'est point l'atmosphère véritable de notre département.

L'étonnante propriété des terres-Palus est encore un mystère; un instant de méditation théorique met en fuite les hypothèses qui ont été bâties sur le cours d'eau souterrain qu'on leur attribue, sur l'hydrochlorate de chaux qui se découvre à leur analyse et sur l'énorme proportion de chaux carbonatée qu'on leur connait.

IV.

DE LA COLORATION.

Nous avons vu quelle singulière et précieuse action exerçaient les terres-Palus sur la Garance. Dans l'impossibilité d'en attribuer raisonnablement la cause à l'atmosphère, on dut en chercher l'explication dans le sol. Or, après *l'hydrochlorate de chaux* qui ne répondit pas aux exigences d'une théorie solide, on s'attacha au principal composant de ce sol, la *chaux carbonatée*; et comme on vit que celle-ci y prédominait toujours, comme on savait d'autre part que les alcalis faisaient passer la Garance au rouge en saturant, disait-on, un acide libre qui masquait sa véritable couleur, on en vint à penser, bien mieux à poser en principe (1) que l'absorption du carbonate de chaux opérait cette neutralisation dans le végétal et que le secret de la coloration en rouge gisait là.

De l'application de ce principe à la culture de la Garance découlaient deux conséquences, l'une que les terres produisaient des racines d'autant plus foncées qu'elles étaient plus calcaires, l'autre que les racines jaunes pouvaient seules venir en des sols éminemment siliceux.

Le peu que nous avons dit sur l'influence de l'atmosphère détruit en grande partie ce système : l'examen de quelques terres de Vaucluse servira à mieux asseoir les convictions.

(1) Théorie de M. H. Schlumberger, dont la science déplore la mort prématurée ; voir l'Agronome de 1831.

DESIGNATION des terres.		PROPORTION du calcaire sur 100.		QUALITÉ du produit.
Terre de Malaucène au pied du Ventoux	—	43	—	jaune.
Alluvions anciennes du Rhône à Orange.	—	45	—	rosé moyen.
Terre du domaine de la Julienne idem	—	28	—	idem.
Ancien étang de Courthézon, 2 qualités :	1e —	26	—	idem.
	2e —	38	—	très beau rosé.
Alluvions de l'Ouvèze à Causans, 2 qualités :	1e —	47	—	idem.
	2e —	50	—	rosé moyen.
Bords du Rhône à Gabet	—	41	—	idem.
Étang de Sérignan.	—	56	—	idem.
Terre-Palus de Clansayes.	—	37	—	rouge.
Châteauneuf-du-pape, (domaine Millet)	—	50	—	rosé moyen.
Domaine de Lapalud à Orange 3 qualités :	1e —	41	—	presque rouge.
	2e —	50	—	rosé moyen.
	3e —	58	—	idem.
Bords du Rhône, (analyse Gasparin)	—	3	—	beau rosé.
Terre de Tarascon (idem)	—	35	—	idem.

Il nous eût été facile de puiser une plus grande quantité de preuves dans les nombreuses analyses de terres que nous avons faites. Nous ajouterons seulement qu'au quartier *des Sables* à Orange, où le sol est presque entièrement siliceux, la Garance n'en est pas moins aussi rosée qu'en plaine et qu'à Châteauneuf-du-Pape, dans le terrain déjà cité, contenant 50 pour cent de calcaire et rempli d'une grande quantité de morceaux plus ou moins gros de craie pure, le produit n'est que rosé moyen. Aussi nous semble-t-il résulter assez clairement de ces analyses que ce n'est point dans le sol qu'il faut rechercher la cause générale de la coloration de la Garance (1).

Si maintenant nous revenons à ce qui a déjà été dit et que nous fassions intervenir l'influence de l'atmosphère, quelles plus grandes chances de vérité ne nous donne-t-elle pas? en effet, nous avons vu que la racine jaune est le produit exclusif de nos montagnes, la rouge d'un sol spécial, et que la plaine fournit partout des Garances rosées d'une qualité plus ou moins belle, suivant l'état du sol et les soins de l'agriculteur. A quoi donc attribuer l'action colorante, si ce n'est à l'atmosphère qui, suivant sa température habituelle, dispose le sol à donner tel ou tel produit? Au reste, la Garance est-elle la seule plante dont ce grand agent augmente ou épure les principes immédiats, et nombre de végétaux colorés, résineux ou huileux, ne voient-ils pas, sous l'influence d'une chaleur élevée, leurs produits spéciaux prendre des qualités plus précieuses?

Pour nous, nous ne pensons pas seulement que la chaleur solaire exhalte la pureté du principe colorant de la Garance, mais qu'elle en augmente les proportions, et, en ceci, nous sommes heureux de nous trouver d'accord avec un praticien distingué de Mulhouse, qui a écrit, (n° 3 du bulletin de la Société), *que la Garance rouge d'Avignon donne plus de matière colorante rouge que celle d'Alsace;* mais cette supériorité, Vaucluse est

---

(1) Les expériences que j'ai tentées, dit M. Decaisne (page 32) « pour « m'assurer si la qualité de la terre exerçait une grande influence sur la « coloration, ne m'ont présenté jusqu'à ce jour aucun résultat satisfaisant, « au moins sous le rapport anatomique et jusqu'ici leur diamètre (racine) est « à peu près égal et leur coloration semblable, que la plante ait végété dans « un sol, soit calcaire, soit siliceux.»

Les essais, au reste, tentés dans les plaines crayeuses de la Champagne, confirment mieux encore la vérité de notre opinion.

Voir dans le dictionnaire de l'Industrie Manufacturière de 1842, l'article *Garance*, par M. Soulange Bodin, et le nouveau système de chimie organique de Raspail, 2 1076.

obligée aujourd'hui de la céder à Naples qui, à son tour, la cède aux Garances du Levant.

V.

MATIÈRE COLORANTE.

Si de cette influence générale qui tend à faire de l'une des trois qualités commerciales de la Garance le produit d'une vaste zône, nous descendons à la coloration de l'individu, sous quelque latitude qu'il soit et abstraction faite de l'intensité de sa nuance, alors un travail matériel en quelque sorte, s'offre à nous et nous pouvons contempler, le microscope en main, l'un des actes les plus admirables de la nature.

Quel que soit l'âge auquel nous prenions une racine vivante de Garance, si nous soumettons une de ses rondelles à l'examen microscopique, nous voyons les deux tissus secréter un suc jaune et transparent contenu, soit dans les méats inter-vasculaires, soit dans tout le tissu cellulaire (1). Il n'y a, à cet égard, de différence entre les racines très-jeunes et les autres que dans l'intensité de la nuance. Ce suc, dans les parties intérieures des racines où il se dessèche sans le contact de l'air, soit sur un papier, où l'on le recueille en couche très-mince et où se fait très-rapidement l'évaporation du liquide coloré, laisse une couche jaunâtre. Mais que les conditions dans lesquelles il se trouve changent, que la vitalité qui empêche la surabondance de l'oxigénation cesse et qu'il soit tout-à-coup livré à l'action de l'air, alors il perd sa transpa-

(1) Observation de M. Decaisne.

rence, devient opaque de limpide qu'il était, se transforme en une masse granulée et passe à une teinte plus ou moins rouge, suivant l'âge ou la qualité de la racine.

Tel est le changement qui se fait et que nous avons pu observer nous-mêmes en répétant les opérations de M. Decaisne à l'aide d'un microscope solaire.

Un fait étonnant encore, et qui pourrait nous éclairer sur le mode dont la racine se colore, si la production de l'élément colorant n'était pas une des propriétés inhérentes aux racines, se passe dans quelques parties de la tige, quand elles se trouvent en certaines conditions combinées d'obscurité et d'humidité; tel est le buttage. « Dans ce cas, ces parties, dit M. Decaisne, sont disposées de manière à ce qu'elles cessent de rejeter du gaz oxigène sans cesser d'en absorber, et la chromule, en s'oxigénant, passe de la couleur verte à une couleur jaune, et disparaît enfin complétement au milieu du liquide que contiennent les tissus. Ce sont les cellules les plus extérieures qui, les premières, perdent la couleur verte qu'elles renferment, surtout aux angles des tiges; le tissu médullaire est plus long à subir cette conversion » (1).

Ainsi voilà le buttage expliqué dans son effet le plus important. Il n'est pas seulement un manteau d'hiver pour la plante; mais, à la faveur de l'obscurité dans laquelle il la plonge et de l'humidité qui finit tôt ou tard par intervenir, les tiges enfouies se transforment en des rhizômes jouissant de la propriété tinctoriale des racines, mais avec moins d'énergie.

La question est maintenant réduite à ceci : la ma-

(1) Même ouvrage, pages 26 et 29.

tière colorante de la Garance est-elle simple ou multiple? Si elle est simple, est-elle jaune, comme le prétend M. Decaisne, ou rouge comme l'ont cru plusieurs observateurs?

Ce dernier point de la question sera très-facilement éclairé. A l'état de nature, c'est-à-dire dans la plante vivante, le suc destiné, par l'action de l'oxigène, à devenir la matière active de la Garance, se produit sous une apparence jaunâtre et cette nuance disparaît pour passer au rouge dès que l'action oxidante s'est fait sentir.

Or, cette action commence dès que finit la vie qui développait une substance acide, dont l'une des propriétés est de réagir sur la matière colorante et de la faire passer au jaune. Cette dernière couleur n'est donc que physiologique, et nous pouvons, dans nos laboratoires, la donner à la matière active et rouge de la Garance en la soumettant au contact d'une solution acide quelconque.

La conclusion à tirer de ceci, c'est que la matière colorante de la Garance est rouge, car elle n'est jaune qu'à l'état rudimentaire et avant que l'oxigène l'ait fait passer à l'état réel de couleur tinctoriale.

Est-elle simple ou multiple?

Ici la controverse est aisée, pour ceux surtout qui adoptent la multiplicité des couleurs, la généralité des chimistes ayant opté pour cette opinion, mais ne se trouvant d'accord ni sur le nombre, ni sur la nature de ces couleurs. A quoi tient donc cette diversité d'opinions sur une chose qui, pourtant, devrait être très-claire, la quantité et la nature des couleurs? Probablement à ce que, nul n'opérant de la même manière, il se fait dans les opérations des réactions qui déter-

minent la matière active à revêtir diverses formes qui ne sont point identiques. En ceci, ils ont tous raison, sans doute, et c'est là peut-être le plus fort argument contre la multiplicité des couleurs. A ces recherches près, qui n'offrent rien de satisfaisant à l'industrie, l'on demande en vain quelque chose de précis à leurs travaux; toutes ces couleurs soumises aux tissus imprégnés de mordants, produisent les mêmes nuances. Ce qui tend à faire penser que même en admettant la multiplicité des couleurs, il faudrait leur réunion pour avoir la véritable couleur de la Garance, « qu'iso-
« lées elles ont des caractères différents de ceux qu'elles
« offrent dans la plante et qu'elles ne peuvent, con-
« séquemment, être appliquées à la teinture (1). »

Un des grands chimistes de l'époque, Berzelius, suivant l'ornière commune, admet aussi la pluralité des couleurs; mais il ajoute que *leur réunion constitue l'alizarine*.

De ces aveux à celui de l'unité, on voit qu'il n'y a qu'un très-petit pas à faire (2).

Ajoutons que M. Gaultier de Claubry n'a pas été heureux quand il a signalé la *purpurine* comme la couleur naturelle de la Garance, après avoir dit que l'*ali-*

---

(1) Dictionnaire de l'Industrie Manufacturière de 1843 — Art. Garance.

(2) Voir (page 10), un excellent mémoire sur la Garance, publié cette année (1853), par MM. Jean Gerber et Edmond Dolfus — Paris, in-8° de 24 pages — chez Bachelier, imprimeur-libraire :

« Les matières qu'on qualifie de *rouge*, *rose*, *orange*, *jaune*, etc., pour-
« raient bien n'être autre chose que le principe immédiat colorant qui se
« trouve dans la Garance, à différents états d'oxigénation ou la combinai-
« son avec les bases terreuses et les autres substances organiques, modifiées,
« altérées ou décomposées par les manipulations souvent longues et com-
« pliquées et suivant les actions chimiques qu'on fait subir à la Garance.

Et plus loin, page 21 :

« L'existence d'une seule matière colorante dans la Garance est admise
« généralement aujourd'hui par les chimistes manufacturiers : pour ceux-là
« il ne faudrait presque plus de preuves nouvelles pour appuyer cela ; mais
« il n'en est pas de même pour une autre classe de chimistes qui se récrient
« contre une pareille simplicité. »

zarine était la seule solide. S'il en est ainsi, comment se fait-il que la couleur naturelle soit justement celle en qui ne réside pas la solidité, cette fin tant recherchée et, nous pouvons le dire, la seule recherchée dans les opérations de teinture par la Garance.

Notre intention n'étant point de rompre des lances pour le système de l'unité que nous avons émis dès 1836, sans prétention, et où nous avons été heureux d'avoir l'appui des expériences physiologiques de M. Decaisne, nous nous bornons à dire que, dans la racine de Garance, la matière colorante se présente sous un double état, savoir : dans l'écorce à l'état rudimentaire, dans le ligneux à l'état plus pur. A mesure que l'âge amène la transformation de l'écorce en ligneux, il se fait une épuration de la matière colorante. De là vient que les racines vieillies en terre possèdent des qualités tinctoriales non-seulement plus énergiques, mais plus recherchées à cause de la pureté des nuances. C'est que, en effet, dans ces racines vieilles, la proportion de la partie ligneuse ayant augmenté en raison de la dimition qu'a subie la partie corticale, on trouve dans cette racine une plus grande proportion de matière active élaborée que dans les racines plus jeunes où l'écorce entre pour 80 à 85 pour cent, tandis qu'elle n'entre que pour 30 à 35 dans les vieilles racines.

S'il est une vérité facile à prouver, c'est à coup sûr celle-là ; elle peut l'être sans aucune de ces opérations qui sont désorganisatrices. Et cette vérité sert non-seulement à faire pressentir l'unité de la matière colorante, mais encore à expliquer presque les divergences d'opinions de tant de chimistes.

La matière colorante de la Garance s'extrait soit des racines concassées, au moyen d'une solution alcaline que l'on traite par un acide et dont la pâte, séchée à feu doux, finit par se hérisser de cristaux d'un rouge incandescent et d'une grande pureté, soit de la poudre préalablement traitée par l'acide sulfurique. Dans ce dernier cas, le véhicule le plus ordinaire est l'alcool à 28 ou 30 degrés. Pour l'avoir tout-à-fait pure il faut avoir recours à la sublimation; celle-ci se fait facilement, moyennant quelques précautions, et l'on voit bientôt le haut de l'appareil se garnir d'une foule de beaux cristaux. En cet état, elle est d'une grande légèreté et sa force colorante est très-considérable.

La matière active de la Garance peut, avec diverses bases, jouer le rôle d'un acide faible; comme aussi, dans certains cas, elle sert de base à plusieurs acides. Ainsi, dans la racine, elle est mêlée aux éléments de l'acide pectique et ce mélange devient une véritable combinaison lorsque la poudre de Garance est mise en pâte avec de l'eau. Cette combinaison, lente à se faire à une température basse, se fait en quelques heures dans les chaleurs de l'été.

La matière colorante est soluble dans les alcalis; elle l'est encore dans l'acide sulfurique concentré qui, dit-on, ne l'altère pas. On a voulu dire, sans doute, qu'il ne la détruisait pas; car il est difficile d'admettre que, de sa solution dans un agent aussi énergique, elle sorte avec la même identité. S'il en était ainsi, les produits préparés au moyen de l'acide sulfurique conserveraient toutes les propriétés de la poudre, à moins que la chaleur à laquelle on soumet le mélange d'acide et de Garance ne transforme une matière éminemment solide en un produit de solidité douteuse.

Quant à sa solubilité dans l'eau, elle est aussi faible quand elle a reçu l'action oxigénante, qu'elle est grande avant d'avoir reçu cette action. C'est que, dans ce dernier état, ce n'est pas la couleur elle-même que l'on soumet à une solution, mais les éléments de la couleur, éléments qui, pour se transformer en matière active, ont besoin de la présence d'un agent atmosphérique. A proprement parler, donc, il n'existe que peu ou point de couleur dans les racines vivantes de la Garance, mais seulement les éléments d'une couleur, une grande partie de ceux-ci ne peuvent se constituer en matière colorante qu'autant que cesse la vitalité qui s'oppose à l'oxigénation.

VI.

HISTOIRE DE LA CULTURE.

La Garance est originaire du littoral Asiatique et de la Grèce. Elle était, dit-on, connue des anciens qui l'employaient dans la composition du pourpre. Nous devons toutefois nous tenir en garde contre cette opinion. Plusieurs auteurs anciens en effet nous disposeraient à penser que dans les îles Élysiennes (Açores) où Ezéchiel (1) nous dit que les Tyriens allaient chercher leur pourpre, celui-ci était fait avec un *Murex* ou un *Lichen*.

---

(1) Proph. Ezech. CAPUT. xxvij : Hyacinthus et purpura de insulis Elisa facta sunt operimentum tuum.

Plusieurs savants ont pensé, et cette opinion était habilement développée dans un n[e] du National de 1836, que les îles Elysiennes, aujourd'hui les Açores, étaient un débris vivant de cette mystérieuse Atlantide dont parlent les anciens.

Il y a donc plutôt lieu de faire les honneurs du pourpre à quelque individu oublié de l'une de ces familles. Si l'on s'obstinait à faire intervenir la Garance dans cette illustration morte de l'art antique, il faudrait supposer qu'après la chute de Tyr, le secret d'application de la couleur, ou peut-être celui des îles qui la fournissaient fut perdu, et que notre plante eut son emploi dans les contrefaçons que l'on fit de cette précieuse teinture.

Quoiqu'il en soit, il paraît que sa culture en nos contrées date d'une époque lointaine. Nous la trouvons en Italie et dans les Gaules aux premiers temps du christianisme. Sous l'un des Dagobert, le principal marché aux Garances se tenait à Saint-Denis; l'Abbé percevait un droit sur elles.

Il y eut ensuite un long sommeil pour cette culture. Au moyen-âge, nulle contrée n'en fit une exploitation exclusive. L'industrie agricole dut reculer devant elle, à mesure que l'emploi de ses produits en teinture devenait moins familier. Quand arrivèrent les guerres de la Ligue, elle passa en Flandre et en Allemagne : là des mains habiles s'emparèrent d'elle et de nouveau le monde industriel apprit à apprécier les heureuses propriétés de cette plante. Ce moment fut décisif pour elle. Un peuple éminemment commerçant en fit son monopole; les produits de l'Asie Mineure et de la France vinrent désormais s'amonceler chez lui.

Les Hollandais le gardèrent longtemps sans que la France, violemment distraite des choses industrielles, et courant du dogme au champ de bataille, entreprit de le leur disputer. Il fallut la voix de Colbert pour ramener au maintien de ces droits une nation chevaleresque en quelque sorte qui n'avait songé qu'à argumenter et combattre, tandis que la Hollande aggrandissait le champ de ses ressources commerciales. Ce grand ministre fit paraître, en mars 1631, une instruction sur la culture et l'emploi de la Garance. Cet appel n'eut malheureusement point d'écho dans le Comtat et la principauté d'Orange, appartenant l'un et l'autre à des princes étrangers.

Et comme cet appel fut infructueux et que nous restions toujours tributaires de la Hollande, un effort nouveau, mais insuffisant encore, fut fait en 1758; un décret parut à cette époque, exemptant de la taille tous les lieux marécageux ou incultes qui seraient livrés à la culture de la Garance.

Vers le même temps à peu près, d'Ambourney, secrétaire perpétuel de la société d'agriculture de Rouen, méditait un travail qui embrassait la Garance dans ses doubles rapports de produit agricole et de matière tinctoriale. C'est une plante trouvée sur le rocher d'Oissel en Normandie, qui avait donné l'impulsion à ses recherches scientifiques : elle fut l'instrument de ses divers essais. On dit qu'il en tira le même parti que de la racine orientale.

D'Ambourney essaya en outre, le premier, d'employer la Garance fraîche. Les mêmes expériences faites à Lyon postérieurement aux siennes n'en furent que le corollaire. Son mémoire fut imprimé au Louvre en 1771, et plus tard, une seconde fois, format in 4°, sous le titre suivant : *Instruction sur la culture de la Garance et sur la manière d'en préparer les racines, etc.*

Dans ce même temps encore, les manufacturiers normands, possesseurs du secret du *rouge d'Andrinople*, cherchaient à s'exempter de l'impôt onéreux que les Hollandais percevaient sur eux au moyen de la Garance.

Cette culture, au milieu du siècle dernier, en était là, timide, s'essayant en beaucoup de points, fatiguée peut-être de la résistance que lui opposait le sol, quand le ministre Bertin, animé des mêmes intentions que Colbert, fit venir du Levant des graines qu'il s'empressa de distribuer. Suivant M. A. de Gasparin, ce serait ce même ministre qui aurait appelé en Provence le Persan ALTHEN, qu'il chargea de la direction des premiers essais.

Mais la tradition locale fait une bien plus belle part de gloire à Jean Althen. Elle raconte qu'il vint de Smyrne en 1756 et que M. de Clansmette lui prêta, aux environs d'Avignon, un coin de terre pour ses essais. Althen arrivé pauvre, demeura pauvre toute sa vie : si bien qu'après lui, sa fille *Marguerite*, réduite à la domesticité, fit imprimer une supplique à l'effet d'obtenir quelques secours des Vauclusiens. Notre génération a répondu, quoique tardivement, à cet appel que les contemporains de Marguerite sont accusés de n'avoir point écouté. Mais au lieu du denier que sa main ne pouvait plus recevoir et qui n'aurait jamais payé au reste la précieuse importation de son père, un monument a été élevé à celui-ci à Avignon en 1821. Inutile secours, frivole dédommagement à toute une vie de misères! mieux aurait valu à la pauvreté du père, et à la servitude criante de la fille, un peu d'or qui eût soulagé leurs besoins, qu'un froid monument destiné à dire aux siècles, plutôt l'époque de l'importation de la Garance que le nom injustement obscur de Jean Althen! (1).

(1) Depuis quelques années, une statue a été élevée à J. Althen, sur le rocher des Doms, à Avignon.

Plusieurs causes empêchèrent longtemps l'extension de cette culture, l'ignorance de la pratique orientale, parmi les propriétaires, les modifications qu'elle devait subir dans un climat nouveau et l'avance de fonds qu'elle nécessitait. Des relations nous apprennent que la propagation en fut principalement due à M. le marquis de Caumont. Plus tard, de 1810 à 1817 environ, l'immense bénéfice réalisé par des spéculateurs de Monteux qui affermèrent, pour cette culture, de vastes terres dans tous les points de Vaucluse, fit ouvrir les yeux aux plus rebelles; dès-lors elle devint tout à fait Vauclusienne. Elle ne sortit du département que pour s'étendre à nos limitrophes et peu au-delà. Aujourd'hui, grâce à l'énorme hausse qu'éprouva la Garance en 1830, avant la révolution de juillet, elle est presque méridionale. Mais les variations nombreuses qu'elle a subies depuis, le chiffre minime auquel est descendu son prix moyen et la baisse remarquable de 1837 ont arrêté l'élan rapide qui avait été partout imprimé. Nous pensons qu'avant peu Vaucluse aura repris, avec ses limitrophes, le monopole exclusif de cette production.

VII.

COMMERCE DE LA GARANCE DANS VAUCLUSE.

Depuis l'importation de la Garance dans le comtat Venaissin jusqu'à la chute de l'empire, le commerce de ce produit fut soumis à des fluctuations bizarres qui en empêchèrent l'extension. Ainsi, tantôt le prix des racines dépassait cent francs les 40 kil.; tantôt il s'abaissait jusqu'à trente francs. Ces fluctuations amenaient le découragement de l'industrie commerciale et de l'agriculture, dont la première conseillait les exploitations. Trente francs alors semblaient ne point payer les frais de culture et peut-être ne les payaient pas. Maintenant, grâce à une pratique plus éclairée, ce prix est hors de ligne, la moyenne du coût étant de 32 à 33 fr. les 50 kilog.

Si nous ne nous trompons, une cause naturelle et puissante élevait des obstacles au large développement de cette nouvelle industrie. La guerre européenne et le blocus continental rendaient les bras rares et les débouchés à peu près nuls. Nos ports étaient gardés à vue, les vaisseaux marchands y dormaient et nos Garances ne pénétraient ni en Angleterre, ni en Amérique, nos plus grands tributaires aujourd'hui. Aussi la fourniture se bornait-elle à la consommation du pays, et celui-ci, suivant la position que lui faisaient ses guerres, restreignait ou élargissait son commerce. De là les fluctuations, et le peu de confiance des entrepreneurs de cette culture, et la faible importance de celle-ci, qui, pratiquée en plusieurs points de la France, ne suffisait pas au quart de sa consommation. En l'an IX, il n'existait en France que onze fabriques de poudre de Garance; aujourd'hui, le seul département de Vaucluse en a quatre fois autant.

Dans toute exploitation agricole dont les rentrées ne se font pas annuellement, un débouché assuré peut seul favoriser sa propagation. L'Empire ni la République, en guerre avec le continent et surtout avec l'Angleterre, maîtresse des mers, ne purent offrir cet avantage à la Garance. La Restauration le fit, et d'elle seulement date l'immense extension de cette culture. En 1805, le comtat ou plutôt le département de Vaucluse, ne produisait que pour trois ou quatre millions de Garance. Actuellement, malgré la réduction du prix, il en fournit pour plus de vingt millions.

La Garance est donc arrivée à ceci, qu'elle suffit à la consommation française non-seulement, mais qu'il s'en exporte à l'étranger une quantité considérable dont la qualité est fort estimée. D'acheteurs, nous sommes devenus marchands; une plus habile culture a permis une diminution de prix, d'où est résulté un emploi plus étendu de cette matière dans les manufactures. Aussi, bien que cette culture se soit propagée dans les départements voisins de celui de Vaucluse, et dans quelques points de la France, tels que l'Auvergne, la Picardie, la Normandie, et le Bourbonnais, où des essais ont été faits sur une plus ou moins grande échelle, notre département s'est-il fait un monopole de la Garance et le point central d'un commerce que l'entrée en franchise des racines étrangères est destinée à augmenter.

L'achat des Garances dans Vaucluse se fait par des courtiers auxquels les négociants donnent leurs ordres; il se maintient une partie de l'année, mais sa plus grande activité est en automne, époque de provision pour les fabriques. La racine pour être recevable doit être assez sèche pour être ce qu'on appelle cassante. Il arrive quelquefois que, l'atmosphère rendant la dessication difficile, quelques producteurs la vendent en vert, au sortir de la terre; ce sont des cas exceptionnels.

La racine passe donc des mains du producteur dans celles du courtier, qui la fait mettre dans des balles et transporter dans les fabriques, après l'avoir payée.

La marchandise subit là un contrôle; elle est examinée avec soin pour voir si elle est assez sèche et si elle ne contient pas trop de terre ou de corps étrangers. Dans ce cas, le négociant fixe avec le courtier le chiffre de la dépréciation et c'est celui-ci seul qui en est responsable vis à vis de lui.

Avec une marchandise de provenances si diverses, arrachée dans des terres si différentes et qui sont plus ou moins habilement cultivées, on concevrait que le prix dût subir quelques variations; il n'en était rien pourtant il y a quelques années, ou bien c'était à peine si le négociant y prenait garde. Dans sa hâte de faire une provision quand il avait des demandes ou quand il croyait à la hausse, il donnait des ordres à tous ses courtiers afin qu'il lui rentrât au plutôt la plus grande quantité possible de racines. Aujourd'hui il y a un peu plus de discernement dans les achats; les beaux partis, c'est-à-dire les racines propres et d'âge requis, — 30 mois, — les provenances de bonnes terres ont une cote un peu plus élevée, et si l'on ne les destine pas à l'exportation, on en fait du moins une poudre dont la valeur colorante est bien supérieure à celle de la poudre ordinaire. Plus nous irons, plus grande sera l'attention à porter aux racines; on finira sans doute par comprendre que de leur choix peut naître une différence de 8 à 10 pour cent dans la force colorante des poudres. Ce moment là, nous le hâtons de tous nos vœux; car la culture de la Garance, sûre d'être rémunérée de ses peines, se fera avec plus de soin; car le cultivateur tirant plus de bénéfice de ses racines à 30 mois qu'à 18, n'hésitera plus à la laisser en terre, et dès-lors notre pays prendra plus près de Naples la place que ses récoltes devraient avoir.

Ce qui commence à se faire pour les racines rosées se fait pour les provenances des Palus ; on paye celles-ci jusqu'à 4 ou 5 francs de plus.

Les racines ne sont pas toutes destinées à être triturées ; une certaine quantité est exportée en nature, par balles pressées d'environ 400 kilog. On choisit de préférence pour l'exportation les racines de choix qui se payent jusqu'à 2 francs de plus. Mais la quantité à exporter va toujours diminuant, parce que la chimie qui a permis de reconnaître les fraudes qui se commettaient autrefois, les a, par cela même, considérablement diminuées. L'expédition en poudre est, au reste, plus logique, attendu que les racines peuvent s'altérer en route par la moisissure, tandis que la poudre subit dans les barriques une réaction qui est toute à son avantage (1).

Toutes les racines qui ne sont pas exportées, sont triturées dans les nombreuses usines que le département possède; la poudre résultante, *avec son tout*, ou plus ou moins *épurée*, est versée dans le commerce par barriques d'environ 900 à 1,000 kilog. Cette trituration s'opère, dans les usines, au moyen de meules que l'eau fait mouvoir. La tamisation sépare les diverses qualités dont il sera fait mention.

Les meules sont de deux sortes et de différents diamètres, meules qui concassent et meules qui triturent. Avant de passer la racine sous les meules qui

---

(1) Cette réaction qui commence à l'étuve avant la trituration, et qui s'achève seulement dans les barriques, est exactement semblable à la maturation des fruits; elle finit, dans les laboratoires, par le même produit — l'alcool qui est devenu l'objet d'une assez belle exploitation — et quand elle atteint sa dernière limite, par l'acide acétique.

doivent définitivement la triturer, on la fait concasser par la première meule dite à *rober*, d'où on la sort pour en extraire la terre et l'épiderme. Cela fait, elle est moulue. Les meules ont de 40 à 66 pouces : les premières sont des meules ordinaires : elles triturent par jour de 300 à 400 kilog. — il est inutile de dire que plus le diamètre d'une meule est grand, plus elle donne de produit quotidien. Aux meules et aux appareils pour tamiser, sont annexées de vastes étuves chauffées à 60 degrés, soit par des calorifères, soit par des fournaux en briques. La Garance sèche déjà, mais point assez pour être triturée, y est étalée sur un grillage de bois ou de fer. Suivant l'épaisseur de la couche elle met de 24 à 48 heures pour être sèche au point que la meule le demande et perd encore, savoir :

La rosée 15 à 20 pour cent ;
La rouge 20 à 25 —

Cette perte plus considérable des racines-palus tient à ce que le produit des palus étant l'objet d'une plus grande convoitise, les propriétaires s'attachent, moins que ceux des rosées, à les tenir convenablement secs.

Les usines à trituration sont au nombre d'environ 50 dans le département de Vaucluse ; chacune a une quantité variable de meules. Nous avons déjà vu qu'en 1801, il n'y avait que 11 fabriques dans toute la France. Dès le début de ces établissements, ceux qui eurent l'idée de substituer la meule aux pilons, c'est-à-dire, la trituration à la pulvérisation alors usitée par quelques-uns, créèrent des usines qui trituraient à peine 500 kilog. par jour. Pour l'époque, cette quantité paraissait prodigieuse. Puis peu à peu s'augmenta non seulement le nombre des meules, mais encore leur vitesse d'action, et voilà qu'aujourd'hui les plus petites fabriques font de 1500 à 2000 kilog. par jour, tandis que les grandes en triturent de 5 à 6000.

Ces usines travaillent de six à huit mois de l'année : il en est qui ne cessent que tout juste pour faire les réparations qu'un travail long et incessant a rendues indispensables. Nous ne parlerons point des détails des usines, du placement plus ou moins avantageux des étuves, ni des soins indispensables de la part de tout directeur ou contre-maître de ces établissements. Du coup d'œil habile du maître, du long stationnement de la vapeur dans les étuves, d'une insuffisante dessication naissent des obstacles graves à la préparation des poudres brillantes. D'autre part, du défaut de sagacité dans la direction, soit pour l'alimentation des meules, soit pour celle des étuves, du manque de l'harmonie qui doit exister entre ces deux opérations, résultent des mécomptes dans les frais généraux ou dans les profits diminués par des poudres moins bien confectionnées.

Quelle que soit l'importance des usines, la trituration de leurs meules est divisée par la tamisation en plusieurs qualités. Celles-ci sont de six sortes ordinairement ; des mélanges en diverses proportions, ou de plus ou moins grandes épurations, pourraient les multiplier à l'infini. Les voici dans l'ordre de leur valeur :

Billon ou terre.
M. F. épiderme et terre.
S. F. d'où on a sorti l'extra-fine.
S. F. F. poudre avec son tout.
S. F. F. F. qualité épurée.
E. X. F. extra-fine.

Excepté la qualité S. F. F. qui est l'expression complète de la valeur d'une Garance, toutes les autres qualités peuvent être rendues plus ou moins pures par plus ou moins de tamisation. Ainsi, plus on enlèvera de billon, plus celui-ci sera beau, en ce sens qu'à la même proportion de terre sera jointe plus de poudre de racine. Plus on cherchera, d'une S. F. F., à extraire de E. X. F., plus l'S. F. sera belle. Ainsi, en sera-t-il de l'S. F. F. F., si on l'épure de beaucoup de billon. L'extra-fine est une qualité composée, presque en entier, de poudre de ligneux. Sa couleur est vive et n'a point la nuance sombre de la poudre d'écorce.

Nous avons rapidement exposé la partie mécanique de l'opération que subit la racine de Garance pour être convertie en poudre.

Cette poudre, quelle que soit sa force colorante, est un composé de ligneux, de sucre, de gomme et de quelques sels calcaires avec lesquels se trouve mêlée ou combinée la couleur proprement dite. Quelques précautions que l'on prenne en teinture, on ne peut jamais rompre complétement l'adhérence ou la combinaison d'un tiers environ de cette couleur avec les diverses substances que nous venons de mentionner. De plus, ces matières étant pour la plupart solubles, laissent déposer sur les blancs qui doivent être réservés, une couche colorée qui les salit et dont on ne les peut débarrasser qu'au moyen d'opérations assez longues. Trouver le moyen d'utiliser toute la matière colorante et de réserver les blancs, tel fut le problème que se proposaient quelques chimistes, et ils purent le résoudre en soumettant la Garance à l'action de l'acide sulfurique étendu d'eau. En effet, par l'application à chaud de cet agent, sucre, gommes sels calcaire et partie du ligneux disparurent, et le principe colorant, mis à nu en quelque sorte, ne trouva plus d'obstacles à sa combinaison avec les mordants.

Telle fut et telle est encore la *Garancine*, appelée dans l'origine *Charbon sulfurique de Garance*. Cette découverte, une des plus utiles qui aient été faites pour l'industrie, est l'œuvre de MM. Robiquet et Colin; sa propagation est due à MM. Lagier et Thomas frères, d'Avignon, qui l'exploitèrent ensemble pendant la durée de leur brevet.

Ce produit, depuis l'expiration de ce brevet, a été beaucoup amélioré; mais à quelques variations près dans l'application plus rationnelle de l'acide sulfurique, celui-ci est toujours resté la base de l'opération.

La Garancine a trouvé et trouvera longtemps encore un grand emploi dans l'indiennerie à laquelle elle a rendu d'importants services; quant au *rouge d'Andrinople*, il a été forcé de demeurer fidèle à la poudre de Garance, celle-ci seule lui donnant le fond et la solidité convenables.

Un nouveau produit, la *fleur de Garance*, tente aujourd'hui de détrôner la poudre et nul doute qu'il y parviendrait s'il réunissait la solidité à la netteté des nuances; mais nous ne sachions pas que le gros rouge ait encore pu s'en servir, et le seul débouché que nous lui connaissions, réside dans une part d'emploi qu'il dérobe à la Garancine.

Tout est donc à faire pour suppléer la poudre de Garance, car rien ne sera complet tant qu'un produit ne pourra pas la remplacer dans tous ses emplois. C'est le rôle qui est sans contredit réservé aux *extraits* préparés logiquement et avec économie. Quand ce grand et dernier pas sera fait, l'industrie de la Garance sera arrivée à son apogée, et poudre et fleur et Garancine ne tarderont pas à être oubliées.

CULTURE DE LA GARANCE.

Les travaux de culture se trouvent nettement divisés en trois périodes : l'une s'étend depuis la préparation du sol jusqu'à la sortie de la plumule : la seconde se termine à l'arrachage ; celui-ci comprend en entier la dernière.

Le mode de culture n'est point absolument le même dans toutes les localités. Ainsi, dans quelques points, les Garancières sont formées par le repiquage, en automne, des plantes de 6 mois ; ailleurs et le plus ordinairement par semis. La différence n'existe donc que pour la 1re période à-peu-près ; dès que celle-ci a cédé le tour aux autres, vous voyez s'exécuter partout les mêmes travaux. Avant de nous occuper de ceux-ci, essayons quelques réflexions sur les différentes terres à Garance et sur la fumure.

I.

DES TERRES A GARANCES.

Toutes les terres de Vaucluse, quelle que soit leur composition, sont propres à fournir de la Garance ; seulement, suivant leur nature ou leur position, la qualité du produit varie. Ceci est tellement vrai, que, depuis les *palus* jusqu'aux terres des montagnes, il devient très-facile d'établir l'ordre hiérarchique suivant dont nous venons de nommer les deux points extrêmes :

1	Palus		—	racines rouges
2	Alluvions nouvelles	du Rhône	—	très beau rosé
		de la Durance	—	idem
3	Terres des Jonquiers		—	idem
4	Alluvions anciennes du Rhône		—	rosées
5	Terres fortes ordinaires		—	idem
6	— Calcaires		—	idem
7	— Quartzeuses		—	idem
8	— des montagnes		—	jaunes

Aux dernières près, dont le rapport varie, ces terres sont également dans l'ordre de leur plus grande aptitude en quantité et qualité.

En général, une terre est d'autant plus susceptible de fournir de belles racines et un bon revenu, qu'elle se rapproche davantage des caractères suivants :

1° Peu tenace ou ayant peu d'adhérence pour les outils et faisant moins corps étant sèche;

2° Fraîche (légèrement humide);

3° Fortement chargée d'humus ou d'engrais;

4° Sous-sol profond.

Les quatre analyses suivantes donneront un aperçu des meilleures proportions d'humus, calcaire, argile et silice que puisse contenir un sol, pour que la Garance y soit de belle venue et d'excellente qualité.

3

	humus	calcaire	argile	silice
	—	—	—	—
Orange	5—50	41	18	35
Clansayes	5—50	37	29	29
Courthézon	5—50	38	35	21
Causans	5—	47	28	20

Ces terres fournissent ce qu'il y a de plus beau en qualité, après les produits des palus.

On a cherché à évaluer le rapport d'une terre qui n'aurait jamais été cultivée en Garance.

Cette estimation a été établie :

1° Sur la capacité de la terre pour l'eau ;

2° Sur son revenu en blé ;

3° Sur la combinaison des deux calculs ci-dessus.

Par la première méthode, l'évaluation n'a été faite que sur des terres complètement fumées, conséquemment dans tout leur rapport. Voici à quoi l'observation a conduit : dans une terre bien fumée, la récolte de Garance est à l'eau comme 100 à 37 et quelques centièmes dont il est inutile de tenir compte.

Soit une terre retenant 30 centièmes d'eau et complètement fumée, on aura à établir la proportion suivante :

$$73 : 100 :: 38 : x.$$

$$x = \frac{38 \times 100}{73} = 52$$

C'est-à-dire, 2,600 kilog. de racines par hectare.

Par la deuxième méthode on n'est point assujetti à la fumure complète, et l'estimation du rapport se fait suivant la récolte moyenne du blé. Ainsi, de huit à dix hectolitres de récolte par hectare, chaque hectolitre d'augmentation donne un poids de 400 kilog. de Garance ; de dix à douze, 225 kilog. ; et de douze à quinze, 175 kilog.— les huit premiers hectolitres correspondent à environ 1,700 kilog.

La combinaison des deux méthodes donne lieu à des résultats plus satisfaisants encore.

Soit la même terre que nous avons vu retenir trente-huit centièmes d'eau et dont le rapport, fumure faite, a été estimé à 2,700 kilogrammes. Supposez, d'autre part, que cette même terre ait donné précédemment une récolte de douze hectolitres par hectare — vous posez d'abord le chiffre de son rapport avec fumure ou

port avec fumure ou	52	»
duquel vous déduisez la différence qu'il y a de douze hectolitres à quinze, c'est-à-dire, 175 kilogrammes par chaque hectolitre de moins, total 525 kilogrammes ou	10	50
Rapport de votre terre.	41	50

Ces données ne peuvent au reste offrir, pour toutes les terres, celles surtout qui sont loin du département, des résultats mathématiques ; ce ne sont que des résultats probables et qui peuvent varier, mais de peu (1).

L'estimation de la capacité d'une terre pour l'eau se fait en prenant cent grammes qu'on a préalablement passés au tamis, puis séchés parfaitement ; on humecte cette terre sur un filtre et lorsqu'elle n'égoutte plus, on la pèse. Le poids en sus des cent grammes sera le chiffre de la capacité de cette terre pour l'eau.

(1) Observations tirées des mémoires de M. de Gasparin.

Suivant M. de Gasparin,

Les terres du Thor, prennent	56,	40	d'eau ;
——— D'alluvion	52,	30	id. ;
——— Palus d'Orange. . .	48,	36	id. ;
——— De Tarascon . . .	43,	90	id. ;
——— D'Orange.	46,	40	id.

L'aptitude d'une terre peut donc se pressentir par son affinité pour l'eau, son peu de tenacité et les autres caractères déjà indiqués.

A humidité égale, un terrain léger serait plus apte qu'un terrain alumineux, à cause de sa moindre tenacité.

Si l'un et l'autre étaient également exposés à la sécheresse, le sol alumineux conviendrait davantage, attendu qu'il retiendrait avec plus de force l'humidité atmosphérique.

Les terres trop légères, les quartzeuses surtout, donnent une racine peu nourrie et qui, au dire commun, *n'a pas de poids*. L'engrais seul ou l'amendement remédient à cet effet du sol.

Les terres fortes alumineuses, qui retiennent obstinément les eaux pluviales ou souterraines, si elles ne donnent pas lieu à l'envahissement du farum, fournissent de belles et nombreuses racines. Ces dernières y sont saines, compactes, d'un tissu dense et lourd.

Certaines terres d'alluvion, éminemment propres à la production de la Garance, donnent quelquefois des racines qui *pèsent peu*, ou qui se réduisent par la dessiccation de plus de 80 pour cent, tandis que la perte moyenne est de 75.

Les sols dits des *Jonquiers*, ainsi appelés à cause

des joncs qui devaient les couvrir avant leur défrichement, font pressentir un sol humide qui aurait quelque analogie avec celui des *palus*. Il y a de l'un à l'autre cette différence que le *palus* provient d'une stagnation séculaire, tandis que les *Jonquiers*, placés en un lieu bas, ont des courants souterrains qui les sillonnent dans toutes les directions, sans les inonder jamais. Ces terrains là, dûment ameublis et soustraits à leur humidité voisine et permanente, sont éminemment propres à la Garance.

Résumons nous :

1° Un sol est d'autant plus propre à la Garance qu'il réunit mieux les conditions d'humus ou d'engrais, de tenacité, de chaleur et d'humidité déjà indiqués et que la végétation s'y arrête moins pendant l'été;

2° Tout terrain alumino-calcaire, c'est-à-dire fort, compacte et retenant l'eau, doit être profondément ameubli pour lui enlever ses dispositions à ce trop d'humide qui peut empêcher la complète réussite de la récolte;

3° L'amendement des terres fortes ou légères ne sera tenté qu'avec certitude de succès;

4° L'avantage d'une faible tenacité se ressent non tant dans les première et deuxième périodes, que dans l'arrachage, qui devient alors moins long et partant moins coûteux;

5° Un sol meuble à trop de profondeur est également, sinon nuisible, du moins d'un avantage balancé par la dépense à laquelle il donne lieu. C'est ainsi qu'à Sérignan, près d'Orange, la racine s'enfonce à une telle profondeur qu'il faut quarante ou quarante-cinq journées d'arrachage, lorsque, ailleurs, douze à seize suffisent. Quelques quartiers du département de Vaucluse produisent autant de racines que l'ancien étang de Sérignan, sans assujettir à cette désespérante proportion de journées pour l'arrachage.

II.

DE LA FUMURE.

Le nerf de la culture dont nous nous occupons c'est moins une terre parfaitement proportionnée dans ses composants que largement fumée. L'humus d'un sol, quelle que soit sa richesse, ne doit pas empêcher l'addition du fumier. La Garance est si vorace que l'humus, dont la dépense se fait lentement, ne lui suffit pas; il lui faut un engrais soluble, que ses suçoirs puissent absorber rapidement et en quantité considérable. A Monteux, ils n'obtiennent une exubérance de rapport qu'en fournissant au sol une énorme proportion d'engrais, ainsi que nous allons le voir. Le secret de leurs récoltes abondantes gît aussi bien là que dans l'excellence de leurs terres.

Au dire d'habiles agriculteurs, la première et même la deuxième récolte de racines pourraient être faites sans fumure et l'humus du sol fournirait à l'alimentation de la plante. Nous avons de la peine à croire la chose possible pour la seconde récolte. Après la première, aurait-on en main la meilleure terre, il devient urgent d'avoir recours aux engrais, si mieux on n'aime lui faire succéder une culture de sainfoin.

La quantité de fumier doit être en relation avec la

nature du sol — tenacité ou maigreur : En certaines terres, l'engrais se consomme avec moins de promptitude qu'en d'autres : Telles sont les terres argileuses, avec lesquelles il contracte une affinité que les suçoirs de la racine ne parviennent à vaincre qu'avec effort et lenteur.

Généralement le terreau convient mieux que le gros fumier.

Dans nos terres, la fumure serait complète si l'on employait par 5 ares 84 cent. neuf charges de terreau ou cinq de gros fumier. Mais on est loin d'un tel luxe d'engrais. Bien des propriétaires n'en donnent à la terre que lorsqu'ils en ont, et leur fumure est d'autant plus mesquine qu'ils sont forcés le plus souvent de l'acheter à gros frais. Dans le Département — les palus exceptés — on ne s'est point habitué encore à appliquer à cette culture un esprit commercial. A Monteux, chaque 5 ares 84 cent. des palus absorbe pour 90 ou 100 fr. d'un engrais qui paraît agir avec bonheur sur la qualité de la racine : ce sont des tourteaux ou résidus des colzas exprimés pour en retirer l'huile (1). Dans les autres terres de cette commune, la fumure de 5 ares 84 cent. ne dépasse pas 25 francs.

Les engrais secs, connus sous le nom de *noir animalisé*, *engrais cruorique* et autres de cette nature, formés par un commencent de torréfaction des résidus des abattoirs, paraissent non moins convenables. Les sillons fumés en 1836 avec l'engrais fabriqué à Lyon par M. Charbonneau, qui avait bien voulu en mettre quelques hectolitres à notre disposition, nous ont donné plus de racines que les autres. Nous n'osons toutefois

(1) Cet engrais, connu sous le nom de trouille, a été essayé dans certaines terres et n'a pas mieux réussi que le fumier ordinaire qui coûte moins.

nous laisser aller à trop de confiance, et demander qu'elle soit partagée, cet essai étant le seul que nous ayons fait encore (1).

L'engrais est étendu quelques jours avant l'ensemencement. Son influence se fait sentir depuis la germination jusqu'à l'arrachage ; elle est assez lente quelquefois pour agir sur la récolte qui succède à la Garance.

L'action de l'engrais nous paraît être multiple. D'abord, suivant les belles expériences de *Matteucci*, chaque embryon forme comme un système électro-négatif qui retient les alcalis libres ou combinés de l'engrais et repousse les acides. A la faveur de cette décomposition, la germination s'établit et se complète rapidement. Ensuite, une fois la plante grandie, il agit sur elle soit directement comme éminemment propre à son alimentation, soit indirectement par l'exaltation qu'il imprime au développement de l'individu. Que dire de l'humus et de sa reproduction spontanée et naturelle, inexpliquée encore? Car on sait que cet agent, bien que dévoré incessamment par les récoltes annuelles, n'en est pas moins inépuisable. Peut-être en est-il des terres qui le perdent par leurs cultures comme des cendres que la lixivation a récemment privées de leurs sels potassiques et qu'elles reprennent par l'exposition au grand jour? La jachère, que nous sommes pourtant loin de louer, trouverait là de quoi être autorisée. Elle nous paraît toutefois déraisonnable, en ce sens qu'elle oblige la terre à un repos d'un an pendant lequel la surface subit pres-

(1) On peut cependant à priori conclure que les engrais les plus riches en matières ammoniacales sont ceux qui conviendraient mieux à la Garance ainsi qu'à tout végétal.

que seule, ou à peu de profondeur, l'influence de l'atmosphère ; tandis que, de la récolte à l'ensemencement, un labour croisé suffirait pour opérer plus rapidement le même effet.

III.

PREMIÈRE PÉRIODE.

Le sol à Garance étant choisi, on le défonce soigneusement, en automne et au louchet, à environ 64 ou 70 centimètres, ce qui exige, pour une terre de moyenne tenacité, six à huit journées par 5 ares 84 cent. (ancienne éminée).

Suivant quelques praticiens, le profit n'égale pas la dépense du profond défoncement recommandé par le plus grand nombre. Le défoncement à une pointe de louchet, disent-ils, est suffisant. La racine, si elle y perd en longueur et en fibrille, y gagne en grosseur ; elle ressemble à un être qu'on a forcé de devenir court, mais fort, trappu, avec des proportions périphériques colossales. Ils avançent même que la racine a plus de diamètre qu'elle n'aurait eu proportionnellement de longueur en un terrain meuble.

Théoriquement est-il permis de s'arrêter à l'opinion que la plante ainsi rétrécie, ainsi bornée, soit productive comme celle qui, trouvant un sol meuble, s'y implante profondément, s'y étale avec complaisance, s'y assimile tout l'humus ou l'engrais compris dans ses 64 ou 78 centimètres de terre ? Il est vrai que par la plus grande facilité de sa nutrition, par son moins de gène, elle donne naissance à des fibrilles qui partent de tous les points. Mais, avec le temps, ces fibrilles grossissant, ne deviennent-elles pas des racines fortes et tout aussi bien que la racine-mère, chargées de principe colorant?

Nous recommandons cette opinion qui est en crédit auprès de quelques personnes éclairées, non aux théoristes mais aux praticiens qui, par fois, font mentir la théorie.

Le défoncement, au reste, pourrait être réglé sur l'âge auquel on doit arracher la racine, ainsi, à dix huit mois, une pointe de louchet pourrait suffire ;

A trente mois, une pointe et demie ;

A quatre ans, il faudrait deux pointes.

Ainsi travaillé, le sol est laissé tout l'hiver sous l'influence de l'atmosphère. En février ou en mars, après les gelées, on lui donne un labour croisé qui enterre l'engrais; on passe la herse et l'on procède à l'ensemencement.

Celui-ci se pratique en ouvrant longitudinalement avec la houe à bras, des sillons qu'une femme ou un enfant, qui suivent le travailleur, garnissent de graines. La terre du deuxième sillon sert à recouvrir le premier, de même que celle du troisième recouvre le second : ainsi pour tous les sillons qu'on ouvre.

Les sillons, quand il y a possibilité, doivent être dirigés du nord au midi, afin d'exposer le plus d'espace possible à l'influence des rayons solaires qui développent mieux la racine.

Dans une Garancière, on nomme *raie* un sillon et *sillon* une planche de plusieurs raies (1).

(1) Généralement les deux sillons extérieurs donnent beaucoup moins de racines que les sillons internes.

La planche ou sillon se compose de trois, quatre ou cinq raies. On n'est guères plus dans l'usage d'augmenter ou même d'aller au-delà de quatre raies. Il a été reconnu qu'en maints sillons *borgnes*, c'est-à-dire ceux dont on avait oublié d'ensemencer une raie, la quantité du produit n'avait pas diminué.

Moins d'ailleurs une planche a de raies, plus il devient facile de la sarcler et de la tenir propre sans la fouler. S'il y a quelque perte de terrain, à cause de la plus grande fréquence des fossés, en revanche les racines qui reçoivent, sur les parois des fosses, plus d'influence solaire et atmosphérique, sont bien plus développées.

Ainsi, dès que l'on est arrivé à trois ou quatre raies ensemencées, on recouvre la dernière avec la terre d'une cinquième raie qu'on n'ensemence pas et l'on procède au sillonnement d'une autre planche. Cette raie non ensemencée, nivelée au reste de la surface du champ par la terre de la première raie de la planche voisine, finit par devenir un fossé profond, soumise qu'elle est à fournir continuellement de la terre pour éborgner et chausser la planche, pendant toute la durée de la Garancière.

La quantité de graines pour l'ensemencement de 5 ares 84 cent., est de 8 à 10 kilogrammes, du prix moyen de 40 à 60 centimes le kilogramme. On la choisit grosse, bien nourrie et de bonne qualité, si on ne l'a récoltée soi-même — sa bonté se reconnaît à la blancheur du germe. Quand elle a ce qu'on appelle *fermenté*, ce germe a bruni ou noirci et tout le périsperme est également brunâtre (1).

(1) La grêle altère sa qualité, d'après plusieurs praticiens.

Nos paysans emploient un moyen qu'ils disent plus sûr encore ; ils plongent la graine dans de l'eau-de-vie pendant huit à dix heures ; si elle est de bonne qualité, le germe commence alors à s'agiter.

On sème la graine en terre sèche , en lune vieille et à une profondeur qui doit dépendre de l'époque plus ou moins avancée où l'on se trouve. Si l'opération a lieu de bonne heure , c'est-à-dire , en février ou au commencement de mars , on sème à 3 centimètres de profondeur ; si c'est plus tard, il faut mettre la graine à 4 centimètres et demi.

On recommande de semer en lune vieille parce qu'on a remarqué qu'il se produisait , en lune jeune, beaucoup de tiges et peu de racines. Dans une époque vaine et philosophique comme la nôtre , une pareille opinion pourra être frappée de ridicule : elle n'en est pas moins l'expression d'une vérité assise sur l'expérience qui souvent *passe science.* Nie qui voudra l'influence lunaire; donne qui voudra un démenti à cette longue observation des siècles. Il y a quelque chose de si respectable dans cette tradition , quelque chose de si convainquant dans le résultat de nos expérimentations , à nous gens qui voyons et croyons , sans soumettre notre croyance à une théorie qui explique si peu , que l'influence lunaire , en certains points, nous paraît hors de doute.

Deux raisons rendent nécessaire l'ensemencement précoce. La racine pénètre , avant les chaleurs , dans la terre humide où elle travaille avec plus de force : ensuite les premiers sarclages ont lieu avant les vers à soie qui rendent, à leur terminaison , les bras si rares. L'on peut craindre à la vérité , pour la jeune plante , les gelées blanches printanières. Mais les gelées d'alors sont de peu de durée ; c'est donc une faible chance à courir.

Au bout de vingt ou vingt-cinq jours, par un temps convenable, la graine *lève*, point à la surface et parfois ne peut s'élancer qu'après que l'on a passé sur le sol un rouleau garni de pointes qui grattent la surface et facilitent la sortie de la plumule. Ce durcissement a lieu après toute pluie suivie de soleil ou de vent, dans les gros terrains surtout.

Parfois il arrive que nulle pluie ne survenant après l'ensemencement, la graine ne *lève pas*. C'est pourquoi le conseil a été donné de hâter l'ensemensement, afin de profiter de quelques pluies qui, plus probablement, ont lieu aux approches du printemps.

Un immense avantage qu'ont sur la plupart des terres du département quelques terres privilégiées, c'est la certitude de la levée de la graine; elles le doivent à une humidité propre qu'elles tiennent de quelque courant souterrain, plus ou moins profond. Cet état d'un sol, outre l'avantage prépondérant de la levée de la graine, en présente un autre important; il empêche ou à-peu-près la suspension du travail de la végétation pendant l'été et donne lieu, en certaines années, à des bénéfices considérables. Ainsi lorsque tout ensemencement a mal réussi ou a été nul généralement, ces terres fournissent leur contingent ordinaire de racines, dont le prix est en raison inverse de leur rareté.

C'est dans ces terres que réussit la plantation qui ne saurait, au reste, s'appliquer aux autres sols. Puis, quand elle pourrait s'effectuer partout, bien des gens lui préféreraient l'ensemencement avec toutes ses chances, celui-ci coûtant moins et demandant moins d'avance. L'ensemencement, en effet, se borne à un an de location de plus du terrain — environ douze francs — et à huit ou neuf kilos de graines — cinq ou six francs — sommes au-dessous de celle que coûtent les racines pour la plantation.

Dans la plupart des terrains où se fait la plantation, on y est forcé par des considérations impérieuses :

1° Le grand ameublissement du sol dont le moindre vent emporte la surface et met à nu la jeune plante ;

2° La mauvaise venue des graines en des terres fatiguées par la même culture.

En théorie, on serait presque tenté de croire qu'il y a erreur dans une semblable opinion. Que faut-il, en effet, à une graine pour le développement de ses radicules et de ses cotylédons ? rien que de l'eau, de l'air et de la chaleur qui, certes, ne manquent pas à Monteux. La terre n'est que l'asile de la graine ; elle ne lui cède rien dans le moment où la vie se manifeste, car la jeune plante trouve en elle de quoi fournir à ses premiers besoins.

Une graine germe partout où il y a les trois conditions dont nous venons de parler, sur une éponge, dans du sable, en toute place. Quand les radicules sont longues, les feuilles séminales hors de fonction et la tige sortie de terre, c'est alors que celle-ci lui donne non seulement un asile, mais encore une portion de sa nourriture. Pendant que les racines tirent de l'alimentation du sol, la tige met à contribution l'air qui l'entoure.

Il est donc difficile d'expliquer cette dernière opinion, sur la vérité de laquelle la science ne doit décider qu'avec réserve.

La plantation, seule différence qui distingue la méthode des palus de celle qu'on suit généralement, se fait en automne ou au commencement du printemps. La terre doit être également préparée que pour recevoir la graine. On trace avec la houe des sillons que l'on garnit de jeunes racines à intervalles bien calculés. La quantité pour 5 ares 84 cent., est de 200 kilog. environ que l'on achète à raison de sept à huit francs les 50 kilogrammes.

IV.

DEUXIÈME PÉRIODE.

Voici que la plumule ou tige future s'est élancée hors de terre. La récolte a échappé à son plus grand danger. Désormais elle ne redoutera qu'une sécheresse prolongée ou le farum. La première diminue la récolte, mais ne peut l'anéantir : au second, qui n'arrive qu'à dix-huit mois, on porte remède par l'arrachage.

La tige sortie, nous sommes donc à-peu-près tranquilles sur l'issue de l'entreprise.

Pendant la première année, maints végétaux disputent à la jeune plante le terrain qui lui appartient. Ces parasites, rares d'abord, se multiplient avec une rapidité plus ou moins grande, suivant la nature du terrain ou l'état de l'atmosphère. De là, le sarclage, c'est-à-dire l'extirpation de toutes les plantes qui gênent la Garance et lui dévorent une partie de sa nourriture.

On ne saurait trop insister sur la franche et constante exécution du sarclage. Cette opération est le plus puissant moyen de prospérité pour une Garancière. Il faut la pratiquer souvent, toutes les fois que le sol en a le moindre besoin. Une Garancière bien menée doit toujours être propre comme un joli carré de jardin. Si quelques cultivateurs recueillent peu de profit de leur récolte, qu'ils l'attribuent, en grande partie, à la négligence du sarclage.

Le sarclage est ordinairement pratiqué par des femmes. Il est impossible de fixer exactement le nombre de journées que demandent 5 ares 84 cent. de terre, pendant la première année. La venue des herbes parasites est subordonnée, ainsi que nous l'avons déjà dit, à la quantité des pluies et à la nature du sol.

Aussitôt le sarclage fini, on procède à l'opération nommée *éborgnage*, c'est-à-dire qu'on rend au sillon la portion de terre qu'on a pu lui enlever en le sarclant, et qu'on bouche les trous faits par le sarcloir. L'éborgnage se fait en inondant le sillon d'une petite pluie de terre que l'on prend dans le fossé voisin. Cette opération réussit encore très bien après une pluie qui aurait affaissé le terrain et mis à nu trop de tiges; il a de plus l'avantage de conserver plus long-temps l'humidité.

Du printemps à l'hiver, tous les travaux se bornent à un sarclage actif.

Aux approches du froid, se fait le *chaussage*. C'est un véritable manteau d'hiver que l'on donne à la plante. Le chaussage a, de plus, le but de favoriser, chez la tige ensevelie ainsi que nous l'avons déjà dit, la formation de Rhizômes *ou tiges souterraines*.

Le chaussage, épais dans les premiers temps de la culture de la Garance, a été réduit à dix ou treize centimètres. On le fait au louchet. Les mottes sont disposées de manière que la plante n'en soit pas étouffée, que l'air puisse circuler dans les intervalles et que l'humidité y pénètre.

La deuxième année, mêmes soins pour le sarclage qui se borne à un faible travail. La plante alors, largement développée, s'abat sur le sillon, le couvre de mille tiges et étouffe la majeure partie des herbes parasites.

Vient en juillet la *floraison* à laquelle succède, à moins d'empêchement, la *fructification*.

Nous voilà arrivés au premier produit d'une Garancière. La graine a trop d'importance pour qu'elle ne nous arrête pas quelques instants.

La maturation des graines ou *baies* s'achève en août. Dans les terres-palus il est rare de la voir s'accomplir : la presque totalité des fleurs *coule*, ce qui arrive partout dans les années pluvieuses. Il n'est donc réellement possible de compter, pour la récolte en graines, que sur certaines terres. De ce nombre sont plus particulièrement les terres *fortes*. Là, s'opère en masse la fructification. C'est une quantité de graines à vous étonner.

Au moment où la maturité est achevée, ce qu'il est très facile de saisir, on coupe la tige avec la faucille, au-dessous des plus basses grappes de graines, on l'étend au soleil, puis, quand la graine s'en détache aisément, on la sépare, soit avec la fourche, soit par un léger battage.

Ainsi séparée, elle doit être mondée, entassée dans un grenier et remuée de temps-en-temps, avec une pelle, pour aviser à ce qu'elle ne se détériore pas. Plusieurs propriétaires ne la mondent pas et l'entassent ainsi au grenier : elle court, disent-ils, et cela se conçoit facilement, moins de chances d'altération.

Mais tous les propriétaires ne laissent point la plante opérer la fructification. Il en est qui font faucher la tige au moment de la floraison. Convenablement séchée, elle devient un excellent fourrage. On croyait, généralement, qu'elle avait la propriété singulière de colorer en rose les os des animaux qui s'en nourrissent (1).

Il est possible, suivant M. de Gasparin, d'évaluer la quantité de racines par celle du fourrage. Ainsi la récolte des racines égale en poids celle de la première récolte de fourrage; tandis qu'elle est deux fois plus forte que celle de la deuxième coupe.

Je me hâte de dire que ce revenu en fourrage, auquel on soumet une Garancière, est réprouvé par nos plus habiles spéculateurs.

Cette méthode, vicieuse en plusieurs points, offre surtout le grave inconvénient, le calcul souvent erroné, de sacrifier la récolte de graines qui, d'abord, satisfait aux besoins annuels du cultivateur, et qui peut ensuite devenir l'objet d'une spéculation des plus lucratives. Si bas que descende la graine, il est des champs qui en donnent tant, qu'elle paye une partie des travaux. Les propriétaires qui en récoltent peu, ont du moins l'avantage de la soigner eux-mêmes et d'être assurés de sa bonne qualité.

Il y a donc toujours nécessité de laisser la fructification se faire, il y a bénéfice souvent, quand elle est exubérante : il y a bénéfice énorme lorsqu'il se rencontre des années où la graine est rare (1835) et monte à quatre-vingt-dix cent. ou un fr. le demi kilo. Certains spéculateurs gagnent par fois plus sur la graine que sur leurs racines.

---

(1) Le frère de M. Decaisne, a démontré péremptoirement le contraire : cet effet était produit par quelques collets de racines ou la base colorée de quelques tiges.

Une belle récolte de graines, à moins de pluies incessantes pendant la floraison, s'annonce par les signes suivants : au printemps, le pourtour de la tige, aux aisselles des verticilles, se charge d'une espèce de mousse, ou plutôt de bave blanchâtre.— Il y a lieu de penser que cette bave est de la même nature que celle qui s'aperçoit à maintes plantes et que produit la piqûre de certains insectes : ce serait alors une extravasion de la sève. Les observateurs n'ont pas manqué d'en inférer que si l'extravasion générale de la sève amène une belle récolte de graines, le coulage des fleurs, en quelques pays où cette extravasion n'a pas été observée, peut provenir d'une exubérance de sève. Dans ce cas, un remède à l'absence de ces insectes serait facile à imaginer.

On a, du reste, trouvé le moyen d'avoir des graines partout. Il s'agit d'établir à la campagne une espèce de serre, entourée d'un mur de roseau et d'y soutenir la tige de Garance avec de longs échalas.

Un mot sur le travail estival de la racine. La maturation des baies s'achève en août et la végétation s'arrêtant alors dans la plupart de nos terres, par l'effet des chaleurs sèches, habituelles de cette époque, il s'ensuit le plus souvent, qu'aussitôt la graine mûrie, la tige fanée et bientôt morte devient impropre à toute succion atmosphérique. Il y a nécessairement alors un moment de travail pour la racine, en attendant que la sécheresse ait gagné les profondeurs du sol. En effet, n'étant plus conductrice des sucs nourriciers qui montaient jadis vers la tige, et la succion par les radicules ayant toujours lieu, c'est en elle que se concentrent les sucs. Elle augmente alors en poids et qualité, et les principes colorants s'y développent davantage, devenue qu'elle est, jusqu'à la cessation des fonctions des radicules, le centre de l'élaboration, le point où se dépense toute la sève.

Les travaux de la deuxième période s'arrêtent après le chaussage du second hiver; la Garancière n'a besoin d'aucun soins depuis le troisième printemps jusqu'à l'arrachage — exceptons-en toutefois le fauchage de la tige, pour ceux qui spéculent sur le fourrage de la garance.

V.

TROISIÈME PÉRIODE.

L'arrachage est une opération dont on ne sent pas assez l'importance. Le commun ne voit là qu'une chose machinale, praticable soit à tout caprice, soit à tout calcul financier.

L'arrachage est loin de la place mesquine et précaire dans laquelle on le range. Sa pratique exige des connaissances élevées. En lui gît la solution de questions agricoles et manufacturières du plus haut intérêt.

La culture de la Garance n'offre, le plus souvent à ses entrepreneurs, d'autre bénéfice que celui qu'ils trouvent à substituer une nouvelle méthode d'arrachage à la méthode ancienne. Ce qui tourmente le plus la tête de nos Garanciers, aujourd'hui, c'est l'arrachage, c'est l'application d'un moyen économique qui efface de la liste des frais de culture une partie du chiffre élevé que donne à lui seul l'arrachage.

D'autre part, le travail de la racine, depuis la première année jusqu'à la quatrième, est, pour le plus grand nombre, un mystère. Peuvent-ils donc deviner quel serait l'intérêt de leur argent, la troisième année, par exemple, sous des conditions atmosphériques convenables?

La racine est composée de plusieurs parties, que, pour la plus facile intelligence de nos explications, nous réduirons à deux, savoir : l'écorce et le ligneux. La première, externe, spongieuse, formée de mailles qui contiennent, dans leurs interstices, une sorte de pulpe plus ou moins colorée, plus ou moins saline; la deuxième, interne, solide et fibreuse. Nous écartons à dessein les termes scientifiques.

L'écorce donc et le ligneux ne croissent pas en proportions égales. Il y a chez l'une et l'autre une progression dont la connaissance est des plus utiles à l'agriculture et à l'industrie;

A l'agriculture, parce que s'il venait à être démontré, ce qui est vrai, que le développement du ligneux est considérable, à mesure que la racine prend de l'âge, et celui de l'écorce réduit à peu, il s'ensuivrait, le premier perdant infiniment moins que l'écorce à la dessiccation, qu'il y aurait avantage à attendre le développement du ligneux;

A l'industrie commerciale, parce que toute racine prenant une plus forte proportion de ligneux, quand elle vieillit en terre, donnerait beaucoup moins de perte étant soumise à la seconde dessiccation qui précède la trituration;

A l'industrie manufacturière enfin, parce que la matière colorante n'est ni en égale proportion, ni en même qualité dans l'écorce et dans le ligneux, et qu'il importerait beaucoup probablement, connaissant les différences qui distinguent la matière colorante dans chacune de ces parties, de faire un choix, pour les divers emplois en teinture, dans les âges divers auxquels on arrache la racine de Garance.

La question de l'arrachage peut être divisée en trois parties, pour sa plus claire intelligence :

1° Partie mécanique;

2° A quel âge il est plus avantageux de le pratiquer;

3° A quel âge l'industrie doit rechercher la Garance;

1° PARTIE MÉCANIQUE.

Deux instruments sont employés pour l'arrachage, le louchet et la charrue.

Le premier va chercher plus profondément la racine, en laisse moins en terre et met le sol, après l'extraction, dans un meilleur état. Douze journées d'homme suffisent ordinairement pour 5 ares 84 cent., à dix-huit mois, et quinze ou seize, pour la même mesure, à trente mois. Il y a quelque variation dans ce chiffre, suivant que la terre a été rendue plus ou moins apte au travail par des pluies ou des sécheresses antérieures.

L'arrachage au louchet peut se pratiquer dans tout un terroir à la fois : il exige moins de bras simultanément que celui par la charrue. On l'exécute en cavant longitudinalement un sillon jusqu'à ce qu'on pénètre à la plus grande profondeur des racines. Celles-ci sont mondées au fur et à mesure, et réunies pour être séchées immédiatement au soleil, si le temps le permet. Un de nos agronomes distingués, M. le Vicomte de Causans, s'est aperçu le premier d'une influence remarquable qu'ont les racines de Garance, sur le point où elles se déchessent. C'est ainsi qu'aussitôt après leur extraction, si elles sont apportées et étendues jusqu'à dessiccation dans un champ, elles lui communiquent une fécondité que l'on croirait produite par un puissant engrais — l'année qui suit, ce champ donne une récolte couchée de céréales.

Il est quelques pays où le sillon est attaqué transversalement et des deux côtés à la fois. Par cette méthode, les hommes, rangés chacun en un côté du sillon, ne se déplacent pas pour aller de gauche à droite et partant perdent un peu moins de temps : sous ce rapport elle devrait être préférée à l'autre. Mais un inconvénient la suit qui balance cet avantage, s'il n'est même plus grand, c'est que les travailleurs se touchent immédiatement, passent souvent une partie de la journée à causer et à s'amuser. Elle n'offre pas d'ailleurs le stimulant de l'autre méthode où chaque travailleur, menant un sillon, lutte de vitesse avec ses voisins.

La racine de Garance est, le plus souvent, profonde de 64 à 70 centimètres; à Sérignan, il faut l'aller chercher de 75 à 108 centimètres : les frais en sont d'autant augmentés. Par un faible défoncement dans la préparation de la terre, les racines, forcées de prendre leur développement en largeur et non en longueur, sont plus près de la surface et, par là, moins coûteuses à extraire. S'il venait à être prouvé qu'il n'y a, à ainsi faire, aucune perte dans la quantité du produit, cette méthode aurait sur l'autre un avantage prépondérant au moment de l'arrachage.

La charrue l'emporte de beaucoup sur le louchet. L'arrachage se fait rapidement et, si la dessiccation est favorisée par un beau soleil, en quelques jours on peut livrer au commerce une forte quantité de racines. De plus, il est économique. Malheureusement il n'est pas praticable dans tous les terrains, la charrue ne fonctionnant bien à son aise que dans les grands ténements.

Il est encore impraticable pour plusieurs propriétaires à la fois, attendu que trop de bras lui sont nécessaires et que ceux du pays n'y suffiraient pas.

La charrue a donc le désavantage de ne pouvoir s'appliquer à toutes les terres et fonctionner sur tous les points d'un terroir simultanément; elle a encore celui d'un défoncement moins profond. Mais ces désavantages disparaîtront sans doute bientôt, des amendements ne pouvant manquer d'être faits à cette opération. Actuellement voici comment on y procède:

La charrue est traînée par vingt ou vingt-quatre bêtes, si la racine que l'on arrache est de trente mois, et par dix ou douze, si c'est une racine de dix-huit mois. Il faut ordinairement autant d'hommes que de bêtes et le double de femmes. Les uns et les autres, les conducteurs exceptés, sont armés de pelles et de râteaux pour briser les mottes et enlever la racine.

Il suffit, pour que l'instrument jouisse de toute sa vitesse, qu'il fonctionne en un grand ténement, sur une terre où il ait tout son large, sur une terre longue qui ne le mette pas, à chaque instant, dans l'obligation de tourner, ce qui lui ferait perdre beaucoup de temps.

En un jour, si la terre est convenable, on peut fouiller jusqu'à 58 ares 40 cent., et 40 à 47 ares en temps de sécheresse. Par les temps pluvieux, il est impossible d'employer la charrue. Chaque 5 ares 84 cent. fournissant, terme moyen, huit cents kilos de racines fraîches, il s'ensuit que l'on en extrait par jour de six mille à six mille cinq cents kilos, qui représentent de seize cents à deux mille kilos de racines sèches.

L'économie qu'il y a à se servir de la charrue, quand la chose est possible, est promptement démontrée par les calculs suivants:

46 ares 72 cent. de trente mois, faites en un jour à la charrue, coûtent :

12 couples de chevaux ou mulets à 6 fr.,	72
24 hommes à 2 fr. 50 centimes,	60
48 femmes à 1 fr.,	48
	180

Au louchet, ces 46 ares 72 cent. auraient demandé, à raison de quinze journées par 5 ares 84 cent., 120 journées lesquelles, à 2 fr., 50 centimes, auraient fait trois cents fr., ci 300

A déduire la différence de 176 . . . 180

120

La charrue gagnerait donc 120 francs sur 300 fr.; c'est-à-dire, un peu plus du tiers. Nous abandonnons les 24 francs pour la racine que la charrue peut laisser en terre et pour quelques autres petits frais imprévus — reste toujours une différence d'un tiers à l'avantage de la charrue. Encore faut-il dire que, lorsque un homme fait 5 ares 84 cent, en quinze jours, c'est que la terre est convenable au travail et, dans ce cas, la charrue pourrait faire au-delà de 46 ares 72 cent.

Une petite charrue suffit pour les Garances de dix-huit mois. Par petite charrue nous entendons la charrue ordinaire, l'autre étant à peu près uniquement destinée à l'arrachage de la Garance et par sa forte construction résistant mieux au sol et s'y enfonçant davantage. Donc, à dix-huit mois, suffit la charrue ordinaire; la racine est alors moins profonde et l'instrument n'a pas à s'implanter beaucoup en terre pour l'aller chercher.

Au quartier de Martignan, terroir d'Orange, divers essais en ont été faits qui ont donné la moyenne suivante:

Par jour, 42 ares 88 cent., c'est-à-dire, le travail de quatre-vingt-quatre hommes, à 2 fr. 50 centimes, 210 fr. ont été faits au prix de :

6 couples	36	ci	95
12 hommes	30		
24 femmes	24		
2 conducteurs	5		

Différence donnée par la charrue . . 115

Supposez, si vous le voulez, que votre petite charrue rencontrant un terrain moins favorable ne fasse que 35 ares 4 cent. au lieu de 42 ares 88 cent, vous avez toujours une économie notable à la substituer au louchet.

Maintenant si vous faites attention que plusieurs fermiers peuvent se réunir et former une espèce d'assurance pour le prêt réciproque de leurs bras et de leurs couples (association qui a lieu à Orange) ; si, de plus, vous tenez compte de ceci : que pendant l'arrachage, point de travaux n'exigent les bêtes aux champs et que conséquemment elles chôment à l'étable, perdant leurs journées devant le ratelier, vous trouverez qu'il y a une économie considérable à cette manière de faire et que, de plus, le travail n'étant exécuté que par des hommes intéressés à le bien faire, et non par des salariés qui ne donnent, le plus souvent, des soins que sous l'œil du maître, le sol sera mieux exploré et la perte moins grande.

Tels sont les moyens employés pour l'arrachage. Celui-ci commence en juillet et se prolonge à volonté jusqu'au travail printanier. Ceux qui peuvent le retarder, qui ont de vastes appartements ou séchoirs pour obvier à l'inconvénient des jours pluvieux ou nébuleux de l'automne, gagnent à attendre que le gros de l'arrachage soit passé et le prix des journées diminué.

Au reste, la difficulté de la dessiccation en automne ou dans l'hiver n'embarrasse plus les propriétaires : le haut commerce l'a levée en achetant les racines au moment de leur extraction, avec une réduction de soixante-quinze pour cent dans le prix, c'est-à-dire, à cinq ou six fr. les 50 kilog., selon l'âge. Ces racines vertes sont immédiatement séchées à l'étuve, puis triturées.

Il y a certainement profit pour chacun à user d'un moyen semblable, le propriétaire se débarrassant des soins d'une dessiccation devenue difficile et l'acheteur, pressé de demandes et possesseur d'étuves convenables, pouvant la sécher à peu de frais. Mais cette vente en *vert* a trop séduit quelques propriétaires ; elle n'est réellement bonne à pratiquer qu'en automne ou en hiver alors que, par le concours de circonstances atmosphériques inhérentes à la saison, la dessiccation se fait lentement et mal. Les résultats suivants, provenant de nombreux essais tentés dans le but d'éclaircir cette nouvelle question commerciale, ne seront pas sans importance pour les agriculteurs.

La racine fraîche contient, terme moyen, sur cent parties :

	A 30 mois,	*A 18 mois,*
Ecorce	80,37	86,70
Ligneux	19,63	13,30

qui, par la dessiccation, se réduisent savoir ;

Ecorce	19,20	27,80	20,80	26,53
Ligneux	8,60		5,73	

d'où il suit que la racine de Garance perd à la dessiccation :

A 30 mois	72,20
A 18 mois	73,47

au lieu de 75, perte généralement admise. Dans cette dessiccation le ligneux perd 51 pour cent et l'écorce 76 — nous appliquerons plus tard ces chiffres au calcul du produit d'une Garancière à diverses années — poursuivons notre compte.

La racine fraîche a été vendue, en 1834, cinq francs cinquante et six francs les 50 kilos, tandis qu'elle valait vingt-cinq fr. sèche. C'était plus des trois quarts en moins. Ces cinq ou six pour cent que perdaient les propriétaires servaient, disait-on, à payer les frais de dessiccation — examinons si les propriétaires ne faisaient pas une perte plus considérable.

Cinq mille kilos de racines fraîches (30 mois) valant six cent francs, auraient fourni, étant sèches, mille trois cent cinquante kilos, plus quarante kilos que nous ne comptons pas. Ces mille trois cent cinquante kilos représenteraient une valeur de six cent soixante-quinze fr. La peine de la dessiccation aurait donc été payée à raison de 2,80 par cinquante kilos secs.

Il nous a été fourni par un propriétaire de Caderousse de la racine qui ne perdait, à 20 mois, que 71,89 et qui lui avait été payée six francs — nous vous demandons quel bénéfice dut faire l'acheteur. Il est vrai de dire aussi que parfois, soit à cause du sol, soit à cause de quelques pluies, les racines vendues contiennent beaucoup plus d'eau que celles que nous avons expérimentées. C'est à l'acheteur à prendre ses précautions et à s'assurer si la racine ne vient pas d'un de ces terrains qui passent pour donner un produit qui *n'a pas de poids*.

2° A QUEL AGE IL EST PLUS AVANTAGEUX DE PRATIQUER L'ARRACHAGE.

Supposons que la racine soit tombée à son prix moyen, et appliquons les expérimentations ci-dessus au rapport comparé d'une Garancière pendant quatre années.

La différence que deux ou plusieurs Garances, qui ne sont point d'un même âge, présentent à leur dessiccation, vient de ce que le ligneux et l'écorce varient, en proportion, toutes les années : de ce que l'un et l'autre, d'un tissu dense ou spongieux, ne retiennent pas la même quantité d'eau et conséquemment éprouvent à la dessiccation une perte variable.

Nous avons établi, par de nombreux essais, que la perte moyenne du ligneux est de 57 pour cent et celle de l'écorce de 76. Des essais non moins nombreux nous ont appris, de plus, qu'aux âges ci-dessous indiqués, l'écorce et le ligneux, sont dans la relation ci-après :

RACINE DE	10 mois	18 mois	30 mois	4 ans
LIGNEUX	7 à 8	14 à 16	30 à 32	60 à 64
ÉCORCE	91 à 92	84 à 86	68 à 70	36 à 40

Seraient donc données approximativement les proportions suivantes de Garance sèche par cinq mille kilos de racines fraîches :

A 10 mois	1250 kilos;
A 18 mois	1350 idem;
A 20 mois	1450 idem;
A 4 ans	1750 idem.

Mais ceci est hors de la question. Il s'agit de déterminer quelle est la différence de produit qui existerait entre une Garancière de deux ans, un autre de trois ans, et, conséquemment quel bénéfice il y aurait à retarder d'un an l'arrachage.

Soit 5 ares 84 cent. de Garance produisant, en racines fraîches, relation ordinaire :

A 18 mois	800 kilos;
A 30 mois	1000 idem.

Ces racines se réduiraient par la dessiccation :

A 18 mois	à	211 kilos;
A 30 mois	à	281 idem;

d'où le compte suivant :

5 ares 84 cent. de Garance de dix-huit mois, rapportant net 211 kilos de racines, donneraient une somme de 105,50
à raison de 25 francs les 50 kilos;

5 ares 84 cent. de Garance de trente mois, rapportant net 281 kilos, donneraient une somme de 140,50; différence, 35 francs.

Maintenant la rente d'un an de plus pour la terre et les journées d'arrachage qu'il faut en plus, monteraient d'une part, pour la terre . . 12 francs
trois journées d'arrachage 7,50

19,50 ;

Bénéfice sur vos 5 ares 84 cent., la troisième année, tous frais déduits, quinze francs cinquante ou la différence de 19,50 à 35.

Si nous connaissions le rapport en racines fraîches de 5 ares 84 cent. de quatre ans, il serait facile de savoir quel serait le revenu comparatif d'une Garancière, les deuxième, troisième et quatrième années—

Que si, au lieu de pratiquer l'arrachage alors que de fortes chaleurs sèches ou le froid ont arrêté la végétation ou la laissent languir, on se met à l'ouvrage pendant la végétation printanière ou celle qui peut, mais rarement, succéder vigoureusement aux pluies d'été, la racine, au lieu de perdre 72 ou 75, se réduit de plus de 80. Un propriétaire que nous connaissons avait deux Garancières, toutes deux bien situées, l'une de dix-huit mois, l'autre de trente : celle de trente mois, fut arrachée après une pluie des premiers jours d'automne, qui avait ranimé la végétation; l'autre ne le fut qu'en hiver. 5 ares 84 cent. de trente mois ne rapportèrent que deux cents kilos, tandis que l'autre donna plus de deux cent vingt-cinq kilos.

L'arrachage ne doit donc être entrepris que lorsque la végétation est arrêtée, ce qui arrive dans les fortes chaleurs et à la fin de l'automne, aux premiers froids. La première époque serait pourtant plus propice en ce qu'on aurait alors plus de facilité pour la dessiccation. Quant à la végétation de l'automne, nous ne pensons pas qu'elle soit constamment assez considérable pour y porter obstacle et lui nuire. Si les mêmes circonstances favorables à la dessiccation se trouvaient en hiver comme en été, il serait profitable cependant de laisser achever à la racine son développement automnal. Il n'y a que le travail printanier de la plante qui doive faire exclure l'arrachage; pour aucune raison, hors celle de l'envahissement du farum, il ne doit être pratiqué avant l'été.

3° A QUEL AGE L'INDUSTRIE DOIT RECHERCHER LA RACINE DE GARANCE.

Cette question deviendra facile à résoudre, si nous jetons un coup d'œil sur ce qui a été déjà dit. Quel est l'objet important en effet des trois industries qui s'occupent de la Garance? C'est, pour l'une, de produire à moins de frais que possible sans nuire à la qualité; c'est pour les autres, d'employer une substance qui perde moins à la dessiccation et soit de qualité avantageuse. Eh! bien, ici l'intérêt de l'agriculteur est intimement uni à celui du commerçant et du manufacturier.

Nous avons été conduit à établir, comme les corollaires irréfragables d'expériences appartenant soit à nous soit à d'autres expérimentateurs, les vérités suivantes :

1° La racine voit se développer largement, avec l'âge, sa partie ligneuse ou vasculaire ;

2° La partie vasculaire perd, en se desséchant, infiniment moins que le tissu cellulaire, c'est-à-dire 57 au lieu de 76 ;

3° la partie vasculaire contient une matière colorante dont la pureté se distingue essentiellement de celle contenue dans la partie cellulaire.

Nous avons vu aussi, en ce qui touche l'économie agricole, que 5 ares 84 cent. qui rapporteraient à 18 mois 211 kilos de racines, en produiraient 281 à trente mois, ce qui payerait un large intérêt pour l'annuité de développement de plus qu'on aurait donnée à la récolte.

Si donc le rapport va croissant au delà de l'intérêt ordinaire; si, d'autre part, les racines qui ont atteint l'âge au moins de 30 mois, sont plus profitables au commerce et d'une plus riche application manufacturière, il est hors de contestation que l'âge auquel on doit rechercher la racine de Garance, ne doit pas être moindre de 3 ans. Exceptons-en, mais seulement pour la spéculation agricole, le cas où le farum aurait envahi la Garancière, et celui encore où le haut prix de l'article laisserait craindre que l'an d'après il n'eût point la même faveur.

VI.

FRAIS, HABITUDES, ASSOLEMENT, INFLUENCE ET AVENIR DE CETTE CULTURE.

Tous les travaux exécutés, le coût d'une Garancière est porté au prix suivant :

Dans les terres palus : (1)

Engrais	100 fr.
Six journées de préparation à 2,50 . .	15
Deux cent cinquante kilos plantes à 16 fr. .	40
Entretien de la Garancière pendant 2 ans .	24
Rente de la terre à 25 francs, 3 ans . .	75
Seize journées d'arrachage à 3 francs . .	48
Intérêts des débours	15
	317
Récolte moyenne 500 kilos alizari à 33 fr., les 50 kilos ci	330
Différence en profit	13

(1) Cette note nous a été donnée par un propriétaire de Monteux.

Dans les terres ordinaires (Monteux)

Engrais	24 fr.
Sept journées de préparation à 1,75 . .	12,25
Dix kilos de graines à 60 centimes . . .	6
Entretien de la Garancière	6
Rente de la terre à 18 francs	54
Seize journées d'arrachage à 2,50 . . .	40
	142,25
Récolte moyenne, 250 kilos alizari à 25 fr. les 50 kilos, ci	125
Différence en perte	17,25

La récolte de blé et de paille qui suit celle de la Garance, paye heureusement une partie de la rente du terrain et des frais d'arrachage. — Sans cela, sans quelques bonnes années aussi, où le produit des racines s'élève plus haut, on voit qu'il serait impossible de continuer à Monteux cette culture.

Suivant ces deux notes, le prix de 50 kilos de racines, abstraction non faite du revenu en blé et en paille, serait porté :

Racines palus ou rouges	31,70
— rosées	28,40

Dans l'arrondissement d'Orange, le coût de 5 ares 84 cent. peut être évalué ainsi qu'il suit, la première année où l'on ne fume pas :

Location de 3 ans à 12 francs	36 fr.
Quatre journées de préparation à 2 fr. .	8
Sarclage	4
Éborgnage et chaussage	2
Quinze journées d'arrachage à 2,50 . .	37,50
	87,50

Récolte moyenne — alizari 200 kilos 100

Différence en profit 12,50

Les années suivantes, les frais de fumure ajoutés aux autres frais, dépasseraient le revenu en racines, si leur quantité ne changeait pas. Mais il est probable qu'on arriverait à un rapport plus considérable.

Ainsi qu'on l'a vu, cependant, les travaux de cette culture, depuis que l'exigence commerciale a fait descendre au-dessous de trente francs le prix des racines, sont à peine balancés par le bénéfice. Aussi nos entrepreneurs ont-ils dû mettre leur esprit à la torture pour ne point risquer, sans profit, leurs capitaux et leurs peines. Deux conditions seules pouvaient mener là :

Des arrangements avec les travailleurs;

Des innovations avantageuses dans les travaux.

Dès le début du commerce de la Garance, qui de nos jours, s'est étendu à tout le département, alors qu'elle se payait au poids de l'or, des spéculateurs, la plupart originaires de Monteux, prenaient pour cinq, dix et même un plus grand nombre d'années, de vastes terres qu'ils *passaient* en Garance. Ces entreprises enrichirent considérablement les premiers qui s'y livrèrent; mais bientôt le secret de leurs bénéfices n'échappa plus à la masse, et celle-ci voulut en avoir sa part. La culture de la Garance devint dès-lors plus générale. Avec l'abondance des racines que jeta dans le commerce cette foule d'entrepreneurs agricoles, le haut prix se réduisit; puis il descendit plus bas encore, et voilà que naquit cette association de propriétaires et de travailleurs, les premiers retirant à peine les avances qu'ils faisaient pendant les travaux triennaux, les autres n'ayant ni terres, ni argent pour en louer, association qui obligeait les uns à livrer leurs terres et les autres leurs bras. Par là, les propriétaires, sans soucis, sans peines, voyaient au bout de trois ans, arriver l'intérêt de leur terre, et les travailleurs, n'étant contraints qu'à une avance de journées, donnaient tous leurs loisirs à cette spéculation. Ces heures de loisir étaient comme autant de petites sommes l'une à l'autre ajoutées, dont le total dormait pendant trois ans et qu'ils retrouvaient à l'époque de l'arrachage, avec un intérêt souvent considérable.

Telle est cette simple et ingénieuse combinaison qui a permis de lutter avec la baisse de la racine et qui tient en activité tous les bras jadis oisifs de nos campagnes. La Garance fait travailler hommes, femmes, enfants. Le louchet, la houe ou le sarcloir occupent tout cela. Cette association est en outre, pour les travailleurs, une véritable caisse d'épargne.

Toutes les localités n'ont pas les mêmes conditions dans ces sortes d'associations; elles varient suivant le rapport des terres ou la difficulté des travaux. Dans plusieurs, le propriétaire fournit sa terre, la moitié de la graine, laisse tous les travaux à son *miégier* et retire sa moitié du produit en graines et en racines. Ailleurs, il fournit terre et graine et paye un tiers des frais d'arrachage, sans avoir plus grosse part du produit. Il arrive aussi quelquefois qu'on le soumet à fournir l'engrais; ou, si ce dernier est fourni par le *miégier*, celui-ci a droit à une récolte de céréales.

Quant à la graine à semer, en règle générale, celui qui la fournit toute a seul toute la récolte de graines.

Ces quelques mots suffiront pour donner à ceux

qui sont étrangers au département de Vaucluse une idée de ce genre d'association.

Les terres louées et fumées sont ordinairement gardées pour une récolte de Garance et une de blé, qui y vient très bien. Le fumier non consommé par la Garance, contribue à assurer cette seconde récolte, qui peut dédommager de l'exigu bénéfice de la première.

La deuxième condition, celle des innovations avantageuses aux travaux, et qui a principalement rapport aux instruments, s'opère peu à peu. Nous voyons chaque année des moyens nouveaux être essayés. La charrue tend à remplacer le louchet pour l'arrachage et à diminuer les frais énormes de celui-ci : l'association entre fermiers d'un même quartier commence à s'étendre. D'autre part, des modifications sont apportées au fonctionnement des charrues; au lieu de tant de bêtes et de tant de journaliers pour suffire au travail de l'instrument, une simple charrue traînée par deux ou trois couples et servie seulement par quelques bras, trace son *cavement* et, pour le rendre plus profond, le reprend une seconde fois. A Tarascon, la charrue, au moyen d'un mécanisme nouveau que met en jeu un seul cheval, s'avance seule et lentement dans les terres, ouvrant à une bonne et suffisante profondeur les sillons de Garance. En un jour, elle fait 5 ares 84 cent., qu'elle creuse de 75 à 80 centimètres et ne demande que les bras de cinq ou six personnes — deux avantages immenses, puisque, à une pareille profondeur, les racines sont ramenées en totalité à la surface et que des avances souvent onéreuses ne deviennent plus nécessaires, les bras de la famille pouvant y suffire. Un troisième avantage, non moins grand, c'est la facile application de cette charrue à la petite propriété pour laquelle elle semble comme créée tout exprès. Ce précieux mécanisme consiste simplement en un cabestan, qui traîne la charrue à la remorque. Un cheval, un âne même suffisent pour le mettre en mouvement. Cette application heureuse, due primitivement à un marin du département des Pyrénées, a été faite aux labours d'abord, puis à l'arrachage des vignes et de la Garance. M. Lacaze, de Nimes, membre de plusieurs instituts agricoles, a annoncé que les frais d'arrachage recevraient une nouvelle diminution lorsqu'il aurait apporté au mécanisme le perfectionnement dont il est susceptible — cette charrue est désignée sous le nom de *charrue à treuil.*

Les terres sont promptement épuisées par la Garance. Ceux qui prétendent que deux ou trois récoltes successives, sans engrais ni assolement, peuvent se faire, connaissent peu l'influence de la Garance sur les terres. Nous le répétons, il faut à cette plante un sol gras d'humus ou d'engrais; sa racine ne se ourrit bien qu'au milieu d'un surcroit d'aliments.

Et quelle plante, nous le demandons, pourrait avoir plus besoin d'engrais ou d'assolement; d'engrais, pour lui fournir constamment et abondamment une nourriture que lui refuse un sol épuisé; d'assolement, pour détruire et remplacer, par une secrétion sinon nutritive au moins inerte, la secrétion ruineuse qu'elle a largement disséminée dans le sol.

Monteux, qui ne veut point rendre intermittent le bénéfice de ses récoltes, qui veut encaisser annuellement, sacrifie l'assolement à l'engrais.

Nos pays, moins spéculateurs que Monteux, moins bons comptables, moins habitués d'ailleurs aux Garances, sacrifient l'engrais à l'assolement. Heureux encore quand l'assolement se fait !

Monteux trouve ses larges récoltes non pas seulement dans la nature de ses terres, mais encore dans la perfection de ses travaux, dans cette précaution, dans ce soin qu'il met à la moindre opération. Il en est arrivé là depuis long-temps qu'il ne peut y avoir pour lui de l'amélioration que dans l'invention d'une machine qui abaisse les frais d'arrachage. Le pays classique de la Garance, l'école des Garanciers tant agricoles que spéculateurs, tout cela est à Monteux. Où croyez-vous que courent tous ces travailleurs, le louchet en sautoir, qui partent gaîment le lundi et s'expatrient souvent pour plusieurs semaines? à Monteux, où l'argent roule, au temps de l'arrachage, comme en un comptoir anglais, où l'on veut à tout prix des bras pour avoir de la racine.

Donc, ou des engrais ou l'assolement. Nous avons dit déjà que, pour fumer complètement 5 ares 84 cent., il fallait cinq charges de gros fumier ou neuf de terreau et que celui-ci était beaucoup plus convenable.

Pour l'assolement, deux plantes seules sont employées, la luzerne et l'esparcet. Toutes deux sont bonnes; il s'agit de les appliquer à la nature du sol. En un terrain calcaire, l'esparcet réussit à merveille, comme aussi dans beaucoup de sols maigres et graveleux. Il a de plus l'avantage, dit-on, de produire un assolement plus naturel et de succéder plus rationnellement à la culture de la Garance. Est-ce en s'emparant, avec une sorte d'affinité, des secrétions de la Garance, et en en laissant une elle-même pour laquelle la Garance aurait plus de penchant, ce qui établirait, à notre avis, l'assolement naturel : ou bien, la feuille de l'esparcet est-elle pour le sol, dans sa décomposition, un confortable plus puissant ?

Ceux qui attribuent aux deux assolements les mêmes propriétés, qui ne feraient pas de différence entre eux, quant à leur influence, donnent cependant la préférence à l'esparcet, la luzerne ayant des racines difficilement extirpables.

Quoiqu'il en soit et quelle que soit la plante dont on fasse choix, on la maintient trois années sur le sol. Quelques agronomes contestent l'avantage de l'enterrer en vert la dernière année : d'autres soutiennent le contraire, autorisés qu'ils croient l'être par une longue pratique — nous aurions quelque tendance à nous ranger à cette dernière opinion.

Pour ne point perdre une récolte, on a l'habitude de semer l'esparcet en même temps que le blé. Aussitôt celui-ci coupé, la seconde récolte se développe. On donne lieu de la sorte à la rotation septennale suivante :

Garance . . . . . . 3 premières années ;
Blé . . . . 4e année ;
Esparcet . . . . . 5e, 6e et 7e années.

Et maintenant que nous avons passé en revue les divers travaux agricoles de la Garance, si nous jetons un coup d'œil sur les avantages que cette culture a versés dans nos campagnes, nous verrons qu'ils sont immenses. Propriétaire et journalier, riche et pauvre, tous s'en trouvent à merveille. Le premier, ou fait travailler pour son compte et, dans ce cas, dès que la graine a levé, n'a d'autre souci que l'avance de son argent qu'il place à un taux élevé ; ou bien il secoue tout souci, loue ses terres, ou les donne à *miège* ou demi-ferme.

Le journalier rencontre dans cette culture une amélioration notable à la position des journaliers de tous pays. Ou il se borne au simple rôle de travailleur, ou il devient spéculateur. Dans ce dernier cas, il prend à *miège* ou à ferme une certaine quantité de terrain qu'il met en Garance. Toutes les journées qu'il passait, l'hiver, à ne rien faire, viennent s'enfouir là. Au temps du sarclage, sa femme et ses enfants y trouvent une occupation active. Les soucis, mais soucis de négociant, viennent parfois l'assaillir, plus ou moins graves. Si l'atmosphère ne le contrarie pas, ses soucis se bornent à une comptabilité qui parfois le fait rêver, soucis qu'il caresse avec une sorte d'orgueil. Que si, au contraire, la fortune ne lui sourit pas, si la semence ne prospère point dans son champ, si plus tard le farum s'y développe, alors adieu ses rêves, adieu les espérances dont il se berçait, adieu ses projets! c'est un mécompte dont il se relevera difficilement ou qui l'écrasera, suivant l'importance de sa spéculation avortée.

Le simple travailleur n'a point les honneurs du négociant; en revanche, il a ou peut avoir de l'insouciance et de la gaîté. C'est à la paresse près, un véritable lazzaroni qui, au lieu de s'accroupir au soleil, s'y plie sur son louchet et n'a d'autre souci que celui là. Il chante en cavant son sillon, parfois trompe l'œil du maître par un repos qu'il dérobe, mange toujours de bon appétit et tire de bonnes journées.

Et quand viennent les mois de juillet et d'août où l'arrachage est pressant, le sort d'un simple travailleur n'est-il pas à envier? on le cajole, on le tourmente amicalement, on réclame sa parole, on lui promet la soupe tous les matins sans abaissement du prix de sa journée, on va quelquefois le chercher en charrette. Un homme qui manie un louchet est une puissance aux jours pressants de l'arrachage.

Aussi que d'aisance dans nos campagnes, depuis que la culture de la Garance, qui est restée trente ans à nos portes sans qu'on songeât à elle, s'y est généralisée! On parle à peine aujourd'hui de l'argent que laisse le ver à soie, tant celui-ci est loin de le disséminer comme la Garance. Le ver à soie demande encore beaucoup de bras, il est vrai, mais les bras seuls de la famille le plus souvent; puis son exigence d'un travail actif dure à peine quelques jours dans tout le terroir, les environs de la *montée*.

La Garance réclame à peu près tous les bras de la contrée, bras d'hommes, bras de femmes, bras d'enfants; aux uns le sarcloir, aux autres le louchet ou la houe; à tous de l'ouvrage.

Le travail du ver à soie réunit les familles; il a quelque chose de solennel, de patriarcal : les femmes y tiennent la haute place et les hommes, sujets obéissants et convaincus de leur médiocrité, s'y courbent sous leurs ordres. Dans les vieux temps, nous nous figurons qu'on aurait trouvé des coutumes superstitieuses, des formules bibliques, des préparations rituelles pour une aussi importante récolte.

Le travail de la Garance tient au contraire du caravenserail. Des journaliers de tous les villages, voisins ou éloignés, la plupart s'ignorant et se choquant pour la première fois devant un sillon; des gens de toute tournure, aventuriers quelquefois, et qui n'ont eu d'autre passe-port, d'autre raison d'admission, que leur louchet : on voit de tout cela, à Monteux surtout, dans les mois pressants de l'arrachage; il y a des sillons pour qui se présente.

Nous ne nous étendrons pas plus sur les avantages de la culture de la Garance, avantages connus et appréciés de tous.

L'avenir de toute grande culture repose sur la qualité des produits et sur la certitude de leur emploi; de là naît un effet qui touche intimement le spéculateur agricole et l'encourage dans la continuation de ses travaux; de là naît aussi l'extension de la spéculation industrielle qui vient se grouper autour de l'exploitation agricole.

Où se trouvent mieux réunies que chez nous ces conditions d'existence pour la culture dont nous nous occupons? Ici l'économie la plus sévère est apportée dans les soins que réclame la plante, la main-d'œuvre conduite avec habileté, l'ordre le plus rigoureux introduit dans les moindres détails : ici la récolte est puissante et la terre, fouillée par des bras qui savent la fouiller, donne un produit que l'industrie tinctoriale accueille avec empressement, et qui, moyennant quelques nouveaux soins de la part de l'agriculteur et un peu plus d'exigence de la part du négociant, s'élevera facilement à la hauteur de quelques Garances étangères, de celles de Naples surtout, dont la concurrence si menaçante d'abord, s'est promptement réduite, par les motifs ci-après indiqués, aux proportions d'une rivalité bénigne.

Toute culture a des phases par lesquelles elle passe inévitablement. Ces phases, contrairement à celles de l'industrie, tendent sans cesse vers l'affaiblissement de la production ou du produit. Ainsi, tandis que l'industrie marche toujours vers des perfectionnements nouveaux, l'agriculture voit les terres se fatiguer et ses derniers produits lutter avec peine contre la supériorité des premiers, supériorité qui résulte uniquement d'une exploitation nouvelle pour le sol.

En outre, la Garance subit une autre cause de dépréciation comme produit commercial, et celle-ci est d'autant plus inévitable qu'elle lui vient de l'importance même qu'attache le commerce à son exploitation. Ainsi, à son début, et quand elle est peu demandée, le cultivateur laisse la racine en terre pendant tout le temps qu'exige son complet développement. Plus tard, quand l'industrie s'est tournée vers elle, l'avidité commerciale exige parfois un arrachage prématuré qui lui fait perdre une partie de ses qualités colorantes, et malheureusement ici l'exigence du négociant trouve à s'entendre avec les besoins du cultivateur pauvre, qui ne saurait attendre pendant trois ans le remboursement des frais que son exploitation lui a occasionnés.

Telles sont les causes de l'arrachage à dix-huit mois, contre lequel on ne s'élèvera jamais assez énergiquement, car de lui résulte, au premier chef, la dépréciation de nos récoltes. Mais, cet écueil, les Garances étrangères l'éviteront-elles, et ne sommes-nous pas en droit de penser que les mêmes causes qui nous l'ont créé le créeront pour elle tôt ou tard? Oui sans doute, et cette conséquence est si rigoureuse qu'elle a déjà atteint les racines de Naples après quelques années d'exploitation. A leur tour, les Garances de l'Asie Mineure et du Caucase auront à le subir, et elles en souffriront d'autant plus que, outre la supériorité que leur donne le climat, elles en tirent une non moins grande de l'âge presque exceptionnel de leurs racines.

Les mêmes influences qui ont altéré nos qualités altéreront donc incontestablement encore celles des Garances rivales, et s'il reste à quelques-unes de la supériorité, ce ne sera plus que celle qu'elles tireront du climat. Or, ici voyez avec quelle prévision la providence nous vient en aide; pendant que la province d'Alger s'essaye à la culture de la Garance, l'entrée en franchise des racines étrangères nous permet d'attendre le moment où elle aura mis la dernière main à son œuvre et entrepris son exploitation sur une vaste échelle. La culture de la Garance à Alger sera le complément de l'œuvre de Jean Althen; avec la qualité que nous promettent la fertilité du sol et l'influence du climat, nous pouvons être tranquilles sur l'avenir de notre monopole; celui-ci poursuivra désormais sa marche, quelle que soit la production des contrées rivales. En effet, si Naples et l'Asie Mineure ne peuvent rien contre notre culture, quelles craintes peuvent nous inspirer les tentatives qui se font en d'autres points, et qu'aurions-nous à nous inquiéter de ces racines sur lesquelles le soleil du nord verse avec peine quelques rayons de chaleur, et qui sortent de terre manquant de tant de conditions, qu'on ne peut les appliquer qu'à certains genres de teinture? Nos Garances, au contraire, abordent tous les genres : rouge et ses dérivés, noir et ses dérivés, teinture Andrinople; elles sont employées à tout et elles réussissent en tout. Nous le répétons, quand le cultivateur le voudra et que nos négociants y tiendront la main; quand notre culture se fera dans des conditions qui nous sont connues; quand l'arrachage n'aura lieu qu'à la troisième année, alors notre monopole agricole grandira parce que nos racines auront leur valeur normale; alors aussi notre exploitation industrielle prendra un nouvel essor parce que, basée qu'elle sera sur une récolte faite dans des conditions meilleures, et ayant à sa disposition les Garances d'Alger, elle pourra lutter sans désavantage contre toute exploitation similaire qui se fera à l'étranger.

FIN.

TABLE DES MATIÈRES.

ÉTUDES PRÉLIMINAIRES.

AGRICULTURE.

www.ingramcontent.com/pod-product-compliance
Ingram Content Group UK Ltd.
Pitfield, Milton Keynes, MK11 3LW, UK
UKHW021119260726
13994UKWH00002B/940